큐브 유형 동영상 강의

학습 효과를 높이는 응용 유형 강의

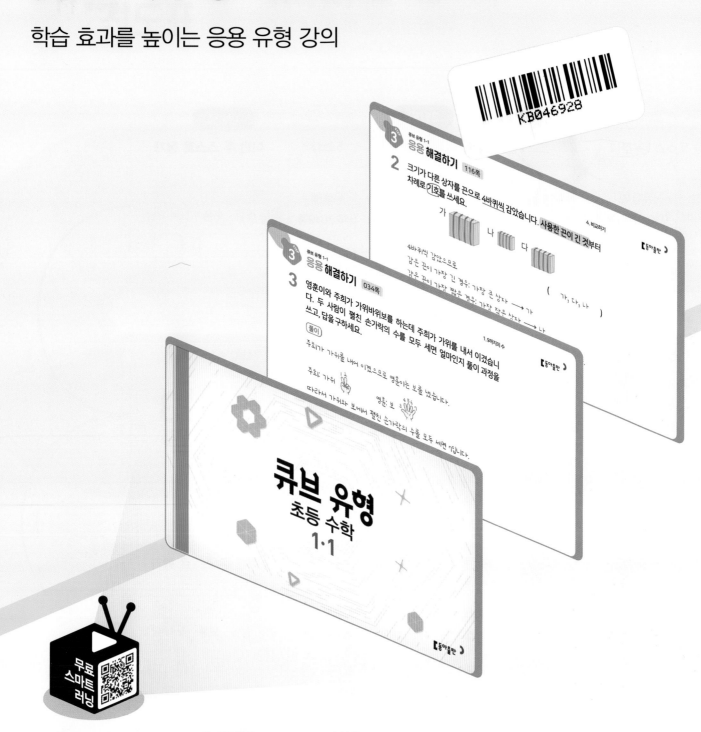

📷 1초 만에 바로 강의 시청

QR코드를 스캔하여 동영상 강의를 바로 볼 수 있습니다. 응용 유형 문항별로 필요한 부분을 선택할 수 있도록 강의 시간과 강의명을 클릭할 수 있습니다.

▶ 친절한 문제 동영상 강의

수학 전문 선생님의 응용 문제 강의를 보면서 어려운 문제의 해결 방법 및 풀이 전략을 체계적으로 배울 수 있습니다.

수학의 기본
큐브 시리즈

큐브 연산 | 1~6학년 1, 2학기(전 12권)

난이도 구성

전 단원 연산을 다잡는 기본서

- 교과서 전 단원 구성
- 개념–연습–적용–완성 4단계 유형 학습
- 실수 방지 팁과 문제 제공

큐브 개념 | 1~6학년 1, 2학기(전 12권)

난이도 구성

교과서 개념을 다잡는 기본서

- 교과서 개념을 시각화 구성
- 수학익힘 교과서 완벽 학습
- 기본 강화책 제공

큐브 유형 | 1~6학년 1, 2학기(전 12권)

난이도 구성

모든 유형을 다잡는 기본서

- 기본부터 응용까지 모든 유형 구성
- 대표 예제로 유형 해결 방법 학습
- 서술형 강화책 제공

큐브 유형

유형책

초등 수학

1·1

큐브 유형
구성과 특징

큐브 유형은 기본 유형, 플러스 유형, 응용 유형까지
모든 유형을 담은 유형 기본서입니다.

유형책

1STEP 개념 확인하기

교과서 핵심 개념을 한눈에 익히기

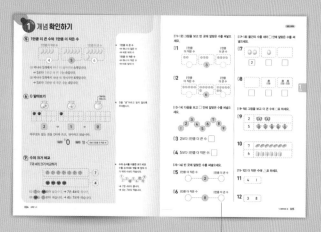

기본 문제로 배운 개념을 확인

2STEP 유형 다잡기

유형별 대표 예제와 해결 방법으로 유형을 쉽게 이해하기

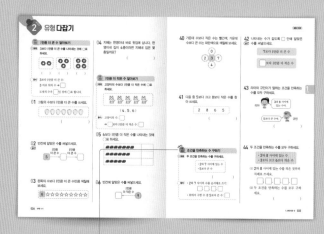

● 플러스 유형
학교 시험에 꼭 나오는 틀리기 쉬운 유형

서술형 강화책

서술형 다지기

대표 문제를 통해 단계적 풀이 방법을 익힌 후
유사/발전 문제로 서술형 쓰기 실력을 다지기

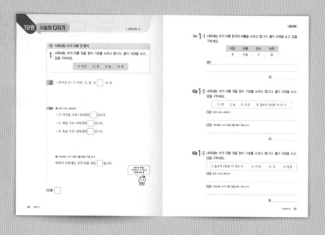

서술형 완성하기

서술형 다지기에서 연습한 문제에 대한 실전 유형 완성하기

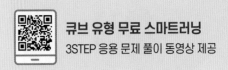

3STEP 응용 해결하기

각종 경시대회에 출제되는 응용, 심화 문제를 통해 실력을
한 단계 높이기

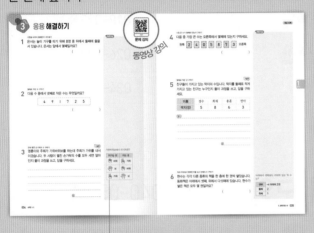

• 해결 tip
문제 해결에 필요한 힌트와 보충 설명

평가 단원 마무리 + 1~5단원 총정리

마무리 문제로 단원별 실력 확인하기

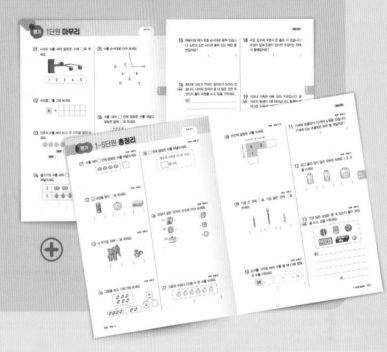

✓ 큐브 유형은 모든 문제를 모아 **단원별 → 개념별 → 난이도별 → 유형별**로 세분화하였습니다.

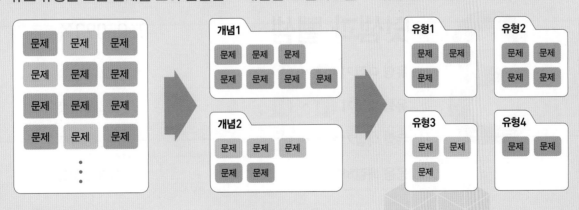

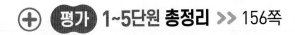

1

9까지의 수

학습을 끝낸 후
색칠하세요.

개념
확인하기

유형
다잡기
유형 01~09

개념
확인하기

유형
다잡기
유형 10~18

⭐ 중요 유형

⭐ 중요 유형

⌄ 이전에 배운 내용

[누리과정]
물건의 수 세기

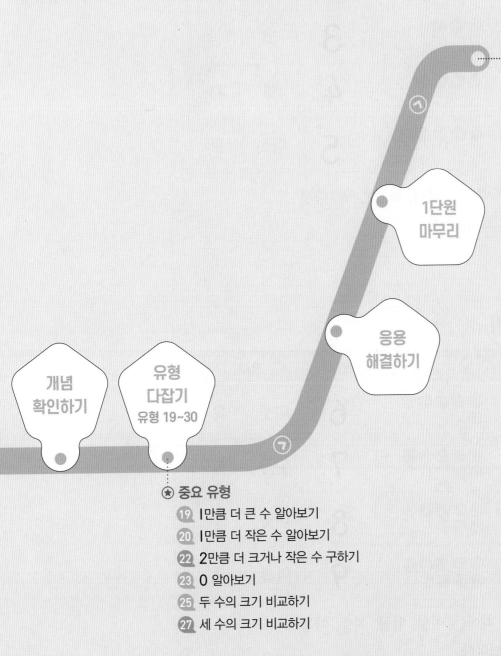

다음에 배울 내용

[1-1] 50까지의 수
50까지의 수 읽고 쓰기
50까지 수의 크기 비교

1단원
마무리

응용
해결하기

개념
확인하기

유형
다잡기
유형 19~30

★ 중요 유형

19 1만큼 더 큰 수 알아보기
20 1만큼 더 작은 수 알아보기
22 2만큼 더 크거나 작은 수 구하기
23 0 알아보기
25 두 수의 크기 비교하기
27 세 수의 크기 비교하기

개념 확인하기

① 1, 2, 3, 4, 5 알아보기

		쓰기	읽기	
✂ (가위)	●○○○○	①↓1	하나	일
✏✏ (색연필)	●●○○○	①2	둘	이
풀 풀 풀	●●●○○	①3	셋	삼
풀 풀 풀 풀	●●●●○	①↓4↓②	넷	사
물감 물감 물감 물감 물감	●●●●●	①↓5→②	다섯	오

1부터 5까지의 수를 셀 때에는 '하나, 둘, 셋, 넷, 다섯'
또는 '일, 이, 삼, 사, 오'로 셉니다.

● **실생활 속 수 읽기**
같은 수라도 상황에 따라 읽는
방법이 다릅니다.
㉠ 가위가 <u>3개</u> 있습니다.
→ 세 개
㉠ 오늘은 <u>3월 3일</u>입니다.
→ 삼 월 삼 일

② 6, 7, 8, 9 알아보기

		쓰기	읽기	
🌿🌿🌿🌿🌿🌿	●●●●● ●○○○○	①↓6	여섯	육
✿✿✿✿✿✿✿	●●●●● ●●○○○	①↓7→②	일곱	칠
✴✴✴✴✴ ✴✴✴	●●●●● ●●●○○	①↓8①	여덟	팔
🌿🌿🌿🌿🌿 🌿🌿🌿🌿	●●●●● ●●●●○	←①9	아홉	구

6부터 9까지의 수를 셀 때에는 '여섯, 일곱, 여덟, 아홉'
또는 '육, 칠, 팔, 구'로 셉니다.

[01~02] 그림에 알맞게 수를 따라 쓰세요.

01

| 3 | 3 | 3 | 3 |

02

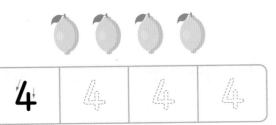

| 4 | 4 | 4 | 4 |

[03~04] 수를 세어 알맞은 수에 ◯표 하세요.

03

(1 , 2 , 3 , 4 , 5)

04

(1 , 2 , 3 , 4 , 5)

[05~06] 수만큼 ◯를 그려 보세요.

05 1 →

06 3 →

[07~08] 수를 쓰는 순서에 맞게 따라 쓰세요.

07

| 6 | 6 | 6 | 6 |

08

| 8 | 8 | 8 | 8 |

[09~10] 수를 세어 알맞은 말에 ◯표 하세요.

09

(여섯 , 일곱 , 여덟 , 아홉)

10

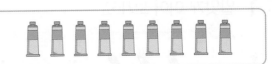

(여섯 , 일곱 , 여덟 , 아홉)

[11~12] 수만큼 색칠해 보세요.

11

12

1
단원

유형 01 1, 2, 3, 4, 5 알아보기

예제 수에 알맞게 이어 보세요.

(1) 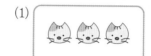 · · 둘

(2)  · · 넷

(3)  · · 셋

풀이 하나, 둘, 셋, 넷, 다섯으로 수를 세어 봅니다.

(1) 고양이의 수: 하나, 둘, ☐

(2) 돼지의 수: 하나, ☐

(3) 닭의 수: 하나, 둘, 셋, ☐

01 알맞게 이어 보세요.

(1)  · · 3

(2)   · · 2

(3)  · · 5

(4)  · · 1

(5)  · · 4

02 점의 수가 4인 것을 찾아 ◯표 하세요.

(   ) (   ) (   )

03 그림과 관계있는 것을 모두 고르세요.
중요★ (   )

① 넷   ② 5   ③ 2

④ 둘   ⑤ 삼

유형 02 1, 2, 3, 4, 5의 수 쓰고 읽기

예제 자전거 바퀴 수를 세어 쓰고, 읽어 보세요.

쓰기 (   )

읽기 (   )

풀이 자전거 바퀴 수: 하나(일), 둘(이)

➔ 둘을 수로 쓰면 ☐입니다.

04 수를 두 가지 방법으로 읽어 보세요.

5 ➔ (,   )

05 수를 세어 □ 안에 알맞은 수를 써넣으세요.

중요★

08 아이스크림의 수만큼 색칠해 보세요.

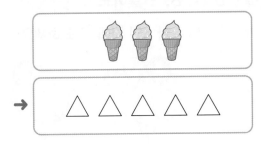

06 그림을 보고 수를 바르게 고쳐 쓰세요.

연필이 ✗자루 있습니다.

↓

07 수를 <u>잘못</u> 읽은 사람의 이름을 쓰세요.

> 지유: 나는 일 학년이야.
> 형주: 구슬이 일 개 있어.

(   )

09 〈보기〉와 같이 ★의 수만큼 ○를 그리고, 수를 쓰세요.

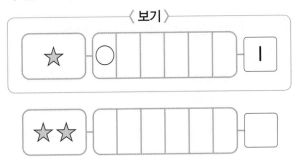

유형 03 1, 2, 3, 4, 5만큼 그리거나 색칠하기

예제 거북의 수만큼 ○를 그려 보세요.

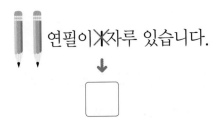

→

풀이 거북의 수: 하나, 둘, 셋, □

→ ○를 **4**개 그립니다.

10 미나와 다른 방법으로 4칸을 색칠해 보세요.

창의형

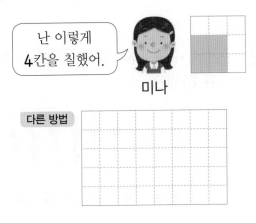

난 이렇게 4칸을 칠했어.

미나

다른 방법

유형 04 6, 7, 8, 9 알아보기

예제 풍선의 수가 8인 것에 ○표 하세요.

(   )   (   )

풀이 • 왼쪽 그림의 풍선 수:

하나, 둘, ..., 일곱, 여덟 → ☐

• 오른쪽 그림의 풍선 수:

하나, 둘, ..., 다섯, 여섯 → ☐

11 관계있는 것끼리 이어 보세요.
중요★

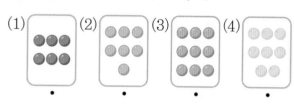

(1)   (2)   (3)   (4)

•   •   •   •

9   8   7   6
•

•   •   •   •

| 여섯 (육) | 아홉 (구) | 일곱 (칠) | 여덟 (팔) |

12 우산의 수를 세어 보고 알맞은 것에 모두 ○표 하세요.

(일곱 , 9 , 팔 , 아홉 , 육)

13 그림의 수가 6인 칸에는 빨간색으로, 8인 칸에는 파란색으로 색칠해 보세요.

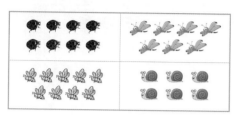

유형 05 6, 7, 8, 9의 수 쓰고 읽기

예제 가위의 수를 세어 쓰세요.

(   )

풀이 가위의 수: 하나, 둘, ..., 다섯, 여섯

→ 여섯이므로 ☐입니다.

14 빈칸에 알맞은 수를 써넣으세요.

| 팔 | |
| 일곱 | |

15 병아리의 수를 두 가지 방법으로 읽어 보세요.

(,   )

16 각 그림이 나타내는 수는 모두 같습니다. 각 그림이 나타내는 수는 얼마인지 풀이 과정을 쓰고, 답을 구하세요.

(서술형)

〔1단계〕 바나나, 색연필, 펼친 손가락의 수 각각 구하기

_____

_____

〔2단계〕 각 그림이 나타내는 수 구하기

_____

답 _____

17 밑줄 친 부분을 바르게 읽어 보세요.

(중요★)

사자가 <u>9</u>마리 있어.

(   )

유형 06   **6, 7, 8, 9만큼 그리거나 색칠하기**

예제   로봇의 수만큼 ♧를 색칠해 보세요.

♧ ♧ ♧ ♧ ♧
♧ ♧ ♧ ♧

풀이   로봇의 수: ☐

    ➡ ♧를 ☐개만큼 색칠합니다.

18 꽃의 수만큼 ◯를 그리고, 그린 ◯의 수를 ☐ 안에 써넣으세요.

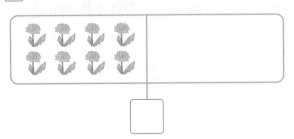

☐

19 6부터 9까지의 수 중 쓰고 싶은 수를 ☐ 안에 쓰고, 알맞게 색칠해 보세요.

(창의형)

☐

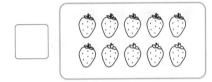

20 모자의 수와 ☐ 안의 수가 같아지도록 ◯를 그려 보세요.

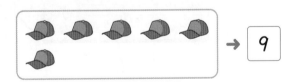

→ 9

아홉!

STEP 2 유형 **다잡기**

예제 접시 위에 있는 달걀의 수를 세어 쓰세요.

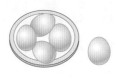

( )

풀이 접시 밖에 있는 달걀은 세지 않고 접시 위에 있는 달걀의 수를 셉니다.

하나, 둘, 셋, 넷 ➡ ☐

21 사과의 수를 세어 ☐ 안에 알맞은 수를 써 넣으세요.

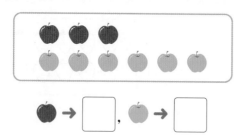

🍎 ➡ ☐ , 🍏 ➡ ☐

22 물고기의 수를 세어 쓰세요.
중요★

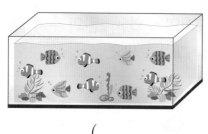

( )

23 왼쪽의 수만큼 버섯을 묶고, 묶지 <u>않은</u> 버섯의 수를 쓰세요.

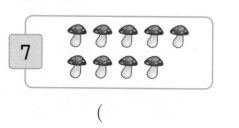

( )

24 악보에서 '♩'를 사분음표라고 합니다. 다음 악보에서 사분음표의 수를 세어 관계있는 것에 모두 ◯표 하세요.

| 둘 9 셋 팔 2 다섯 4 |

25 학생의 수를 <u>잘못</u> 센 사람의 이름을 쓰세요.

윤아: 서 있는 학생의 수는 **3**이야.
준수: 앉아 있는 학생의 수는 **2**야.
선희: 전체 학생의 수는 **4**야.

( )

26 강아지와 고양이의 수만큼 빈칸에 색칠해 보세요.

강아지: 네 마리
고양이: 두 마리

유형 08 수를 넣어 이야기 만들기

예제 그림을 보고 □ 안에 알맞은 수를 써넣어 이야기를 완성해 보세요.

→ 연못에 오리가 □마리 있습니다.

풀이 그림에서 나타낸 수를 세어 봅니다.

연못에 오리: □마리

27 그림을 보고 □ 안에 알맞은 수를 써넣어 이야기를 완성해 보세요.

고양이 □마리가 쥐 □마리를 쫓고 있습니다.

28 〈보기〉와 같이 수와 단어를 모두 사용하여 이야기를 만들어 보세요.
(창의형)

─〈보기〉─

| 7 | 나비 | 꽃밭 |

꽃밭에 나비가 7마리 있습니다.

| 5 | 운동장 | 학생 |

이야기 _____

유형 09 나타내는 수가 다른 하나 찾기

예제 나타내는 수가 다른 하나에 색칠해 보세요.

| 구 | 9 | 여덟 | 아홉 |

풀이 모두 수로 나타내어 비교합니다.

• 구: 9   • 여덟: □   • 아홉: □

→ 나타내는 수가 다른 하나: □

29 나타내는 수가 다른 사람을 찾아 이름을 쓰세요.
(중요★)

리아	준호	주경	도율
5	셋	다섯	오

(_____)

30 나타내는 수가 7이 <u>아닌</u> 것을 찾아 기호를 쓰려고 합니다. 풀이 과정을 쓰고, 답을 구하세요.
(서술형)

㉠ ●●●●●●●
㉡ 일곱   ㉢ 사

[1단계] ㉠, ㉡, ㉢을 각각 수로 나타내기

_____

_____

[2단계] 나타내는 수가 7이 아닌 것을 찾아 기호 쓰기

_____

답 _____

③ 수로 순서 나타내기

몇째인지 알아보기

수로 순서를 나타낼 때에는 '째'를 붙여 몇째로 나타냅니다.

1	2	3	4	5	6	7	8	9
첫째	둘째	셋째	넷째	다섯째	여섯째	일곱째	여덟째	아홉째

> 처음 순서는 '하나째'가 아니고 '첫째'라고 나타내.

기준을 넣어 순서 말하기

기준에 따라 순서가 달라질 수 있습니다.

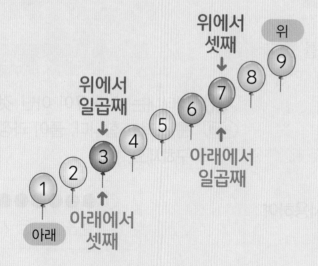

위에서 셋째
위에서 일곱째
아래에서 일곱째
아래에서 셋째
위
아래

④ 수의 순서

수를 순서대로 쓰면 1, 2, 3, 4, 5, 6, 7, 8, 9입니다.

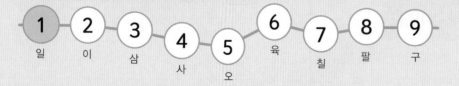

1	2	3	4	5	6	7	8	9
일	이	삼	사	오	육	칠	팔	구

● **수와 순서 비교하기**

5	△△△△△
다섯째	△△△△△

→ 5는 수를 나타냅니다.
→ 다섯째는 순서를 나타냅니다.

● 왼쪽, 오른쪽, 위, 아래와 같이 순서를 세는 방향을 '기준'이라고 합니다.

● **수를 거꾸로 세기**

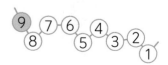

9 8 7 6 5 4 3 2 1

[01~02] 수로 순서를 나타내세요.

01

| 1 | 2 | | 4 | | |

02

| 1 | | 3 | | 5 | |

[03~04] 왼쪽에서부터 알맞은 것에 ◯표 하세요.

03 둘째

04 일곱째

[05~06] 그림을 보고 알맞은 말에 ◯표 하세요.

빨간색 노란색 하늘색 보라색 흰색
주황색 초록색 파란색 검은색

05 노란색 크레파스는 왼쪽에서
(셋째 , 일곱째)에 있습니다.

06 검은색 크레파스는 오른쪽에서
(여덟째 , 둘째)에 있습니다.

[07~09] 순서에 알맞게 빈칸에 수를 써넣으세요.

07

| 2 | | 4 |

08

| | 6 | 7 |

09
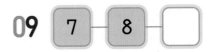
| 7 | 8 | |

[10~12] ☐ 안에 알맞은 수를 써넣으세요.

10 1 다음 수는 ☐ 입니다.

11 4 다음 수는 ☐ 입니다.

12 6 다음 수는 ☐ 입니다.

13 수의 순서대로 번호를 써넣으세요.

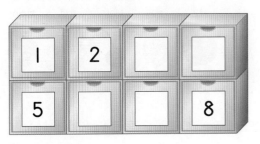

유형 다잡기

유형 10 수로 순서 나타내기

예제 빈칸에 알맞은 수의 순서를 찾아 ◯표 하세요.

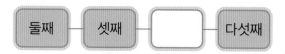

(넷째 , 여섯째)

풀이 몇째인지 순서대로 쓰면

첫째, 둘째, 셋째, ☐, 다섯째, 여섯째,

일곱째, 여덟째, 아홉째입니다.

01 순서에 알맞게 이어 보세요.

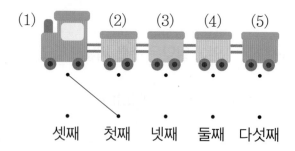

셋째   첫째   넷째   둘째   다섯째

02 다섯째 종이배에 색칠해 보세요.

중요★

첫째

03 셋째에 있는 과일은 무엇일까요?

사과   레몬   체리   포도   복숭아 바나나

첫째

(   )

04 준호가 좋아하는 순서에 맞게 ☐ 안에 알맞은 수를 써넣으세요.

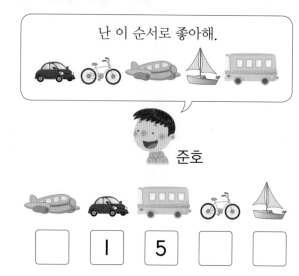

난 이 순서로 좋아해.

준호

☐ | 1 | | 5 | ☐ | ☐

유형 11 ○○에서 몇째인 것 찾기

예제 왼쪽에서 넷째에 있는 채소는 무엇일까요?

옥수수 배추 오이 당근 무

왼쪽   오른쪽

(   )

풀이 왼쪽에서 첫째: 옥수수

왼쪽에서 둘째: 배추

왼쪽에서 셋째: 오이

왼쪽에서 넷째: ☐

05 오른쪽에서 일곱째 칸에 색칠해 보세요.

06 알맞게 이어 보세요.

⭐중요

(1) 위에서 둘째 쌓기나무 •

(2) 아래에서 넷째 쌓기나무 •

(3) 위에서 여덟째 쌓기나무 •

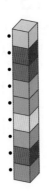

07 위에서 다섯째 거미에 ◯표 하세요.

유형 12 ◯◯에서 몇째인지 알아보기

예제 빨간색 케이블카는 위에서 몇째인지 바르게 나타낸 것을 찾아 기호를 쓰세요.

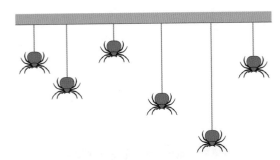

㉠ 둘째   ㉡ 넷째   ㉢ 여섯째

( )

풀이 위에서부터 몇째인지 알아봅니다.

• 노란색: 첫째   • 흰색: 둘째

• 보라색: 셋째   • 빨간색: ☐

08 토끼는 왼쪽에서 몇째일까요?

코끼리   기린   돼지   사자   토끼   원숭이

( )

09 내가 손을 씻기 위해 세희 뒤에 줄을 서면 앞에서 몇째가 될까요?

세희

( )

10 색종이가 9장 있습니다. 초록색 색종이가 서술형 셋째이면 파란색 색종이는 몇째인지 풀이 과정을 쓰고, 답을 구하세요.

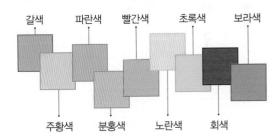

갈색   파란색   빨간색   초록색   보라색

주황색   분홍색   노란색   회색

1단계 순서를 세는 방향 알아보기

_____

_____

2단계 파란색 색종이는 몇째인지 구하기

_____

_____

답 _____

1

단원

유형 13 여러 가지 방법으로 순서 나타내기

예제 ★은 왼쪽에서 몇째이고, 오른쪽에서 몇째일까요?

왼쪽에서 (   )

오른쪽에서 (   )

풀이 ★을 찾은 다음 각 방향에서 몇째인지 세어 봅니다.

왼쪽에서 [   ] 째

오른쪽에서 [   ] 째

---

11 빈칸에 알맞은 순서를 써넣으세요.

5 8 2 6 1 9 3 4 7

수	왼쪽에서	오른쪽에서
8	둘째	
9		

---

12 위에서 넷째에 있는 친구는 아래에서 몇째일까요?

(   )

---

13 주경이는 ♥가 표시된 칸에 그림책을 꽂으려고 합니다. □ 안에 알맞은 말을 써넣으세요.

나는 그림책을 [   ]에서 [   ]째 칸에 꽂을 거야.

주경

유형 14 몇째와 몇째 사이 알아보기

예제 셋째와 다섯째 사이에 있는 학용품에 ○표 하세요.

첫째

풀이 첫째, 둘째, 셋째, 넷째, 다섯째에서

셋째와 다섯째 사이의 순서: [   ]

→ [   ]에 있는 학용품에 ○표 합니다.

---

14 분홍색과 빨간색 블록 사이에 있는 블록은 오른쪽에서 몇째일까요?

파란색   분홍색   노란색   빨간색   하늘색   초록색

(   )

15 달팽이가 기어가고 있습니다. 앞에서부터 다섯째와 여덟째 달팽이 사이에는 달팽이가 몇 마리 있을까요?

앞 🐌🐌🐌🐌🐌🐌🐌🐌🐌🐌

(   )

16 과학관 매표소에 8명이 한 줄로 서 있습니다. 첫째와 여섯째 사이에 서 있는 사람은 모두 몇 명일까요?

(   )

유형 **15** **수와 순서 구분하기**

예제 **왼쪽에서부터 알맞게 색칠해 보세요.**

4	♡ ♡ ♡ ♡ ♡ ♡ ♡ ♡
넷째	♡ ♡ ♡ ♡ ♡ ♡ ♡ ♡

풀이
- 4(수): 왼쪽에서부터 ☐ 개에 모두 색칠
- 넷째(순서): 왼쪽에서 넷째에 있는 ☐ 개에만 색칠

17 알맞은 말에 ◯표 하세요.

▽▽▽▽▽▽▼	일곱	일곱째
◯◯◯◯⬤◯◯	다섯	다섯째
◆◆◆◇◇◇◇	셋	셋째

---

18 다음과 같이 귤이 놓여 있습니다. 재아는 귤을 7개 먹었고, 수혁이는 왼쪽에서부터 둘째에 있는 귤을 먹었습니다. 재아와 수혁이가 먹은 귤에 ◯표 하세요.

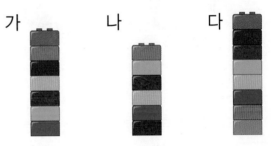

19 민경이는 주황색 블록이 아래에서 여섯째에 오도록 블록 7개를 쌓았습니다. 민경이가 쌓은 블록을 찾아 기호를 쓰려고 합니다. 풀이 과정을 쓰고, 답을 구하세요.

가   나   다

1단계 주황색 블록이 아래에서 여섯째에 있는 것 찾기

_____

_____

2단계 위에서 찾은 것 중 블록이 7개인 것 찾기

_____

_____

답 _____

유형 16 수의 순서 알아보기

예제 순서에 알맞게 빈 곳에 들어갈 수에 ○표 하세요.

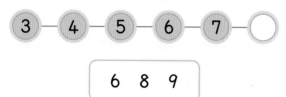

6   8   9

풀이 수를 순서대로 쓰면

3, 4, 5, 6, 7, ☐ 입니다.

20 순서에 알맞게 수를 쓰세요.
중요★

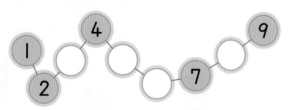

21 1부터 수의 순서대로 길을 찾아 선으로 이어 보세요.

22 수를 순서대로 이어 보세요.

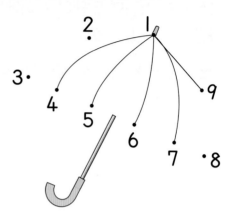

23 1부터 6까지의 수 카드가 있습니다. 빈 카드에 알맞은 수는 얼마일까요?

(   )

24 왼쪽에서부터 수의 순서대로 줄을 섰습니다. 연지가 들고 있는 카드의 수를 쓰세요.

연지

(   )

유형 17 바로 뒤의 수 구하기

예제 □ 안에 알맞은 수를 써넣으세요.

> 수의 순서에서 **2** 바로 뒤의 수는 □ 이고, **7** 바로 뒤의 수는 □ 입니다.

풀이 1, 2, □, 4, 5, 6, 7, □, 9

　　　　　↑　　　　　　↑
　　　2 바로 뒤의 수　7 바로 뒤의 수

25 현우는 반에서 **6**번입니다. 현우 바로 뒤의 번호는 몇 번일까요?

(　　　　　　　)

26 진희는 달리기 시합에서 결승선에 **8**등으로 들어왔습니다. 진희의 바로 뒤에 들어온 친구는 몇 등일까요?

(　　　　　　　)

+플러스 유형 18 수의 순서를 거꾸로 하여 알아보기

예제 순서를 거꾸로 하여 수를 쓰세요.

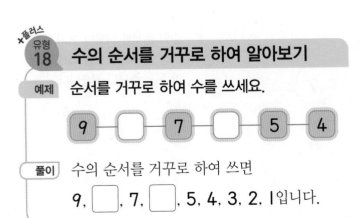

풀이 수의 순서를 거꾸로 하여 쓰면

9, □, 7, □, 5, 4, 3, 2, 1입니다.

27 순서를 거꾸로 하여 번호를 써넣으세요.
(중요★)

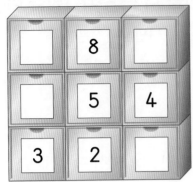

28 **9**부터 순서를 거꾸로 하여 수를 세고 있습니다. **4** 바로 다음에 세는 수는 무엇일까요?

(　　　　　　　)

29 **1**부터 **9**까지 수의 순서를 거꾸로 하여 썼습니다. 바르게 말한 친구는 누구인지 풀이 과정을 쓰고, 답을 구하세요.
(서술형)

> 윤호: 셋째로 쓴 수는 **7**이야.
> 서아: 다섯째로 쓴 수는 **4**야.

[1단계] 셋째로 쓴 수와 다섯째로 쓴 수 구하기

_____

_____

[2단계] 바르게 말한 친구 찾기

_____

_____

답 _____

1 단원

1 STEP 개념 확인하기

⑤ 1만큼 더 큰 수와 1만큼 더 작은 수

1만큼 더 작은 수 … (4) … (5) … 1만큼 더 큰 수 (6)

- **1만큼 더 큰 수**
  - ➡ 하나 더 많은 수
  - ➡ 바로 뒤의 수
- **1만큼 더 작은 수**
  - ➡ 하나 더 적은 수
  - ➡ 바로 앞의 수

(1) 바나나 5개에서 하나 더 많아지면 6개입니다.
    ➡ 5보다 1만큼 더 큰 수는 6입니다.

(2) 바나나 5개에서 하나 더 적어지면 4개입니다.
    ➡ 5보다 1만큼 더 작은 수는 4입니다.

⑥ 0 알아보기

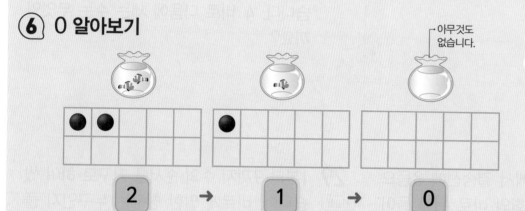

아무것도 없습니다.

$2 \rightarrow 1 \rightarrow 0$

아무것도 없는 것을 0이라 쓰고, 영이라고 읽습니다.

- 0을 "공"이라고 읽지 않도록 주의합니다.

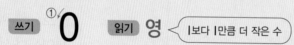

쓰기 0 　 읽기 영 ◁ 1보다 1만큼 더 작은 수

⑦ 수의 크기 비교

7과 4의 크기 비교하기

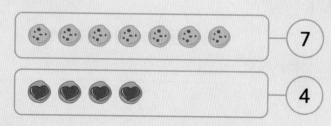

🍪🍪🍪🍪🍪🍪🍪 — 7

❤️❤️❤️❤️ — 4

(1) 🍪는 ❤️보다 많습니다. ➡ 7은 4보다 큽니다.

(2) ❤️는 🍪보다 적습니다. ➡ 4는 7보다 작습니다.

- **수의 순서를 이용한 크기 비교**
  수를 순서대로 썼을 때 앞의 수가 뒤의 수보다 작습니다.

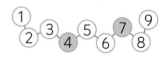

- ➡ 7은 4보다 큽니다.
- ➡ 4는 7보다 작습니다.

[01~02] 그림을 보고 빈 곳에 알맞은 수를 써넣으세요.

01

| I만큼 더 작은 수 | | I만큼 더 큰 수 |

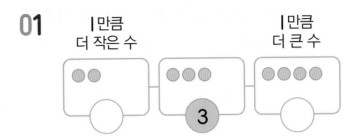

02

| I만큼 더 작은 수 | | I만큼 더 큰 수 |

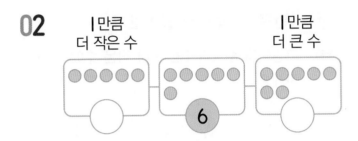

[03~04] 다음을 보고 □ 안에 알맞은 수를 써넣으세요.

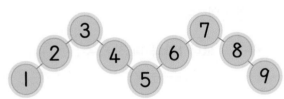

03 2보다 I만큼 더 큰 수: □

04 5보다 I만큼 더 작은 수: □

[05~06] 빈 곳에 알맞은 수를 써넣으세요.

05 I만큼 더 작은 수   I만큼 더 큰 수

06 I만큼 더 작은 수   I만큼 더 큰 수

[07~08] 물건의 수를 세어 □ 안에 알맞은 수를 써넣으세요.

07

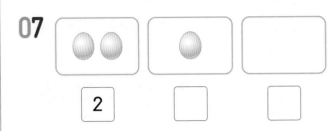

2   □   □

08

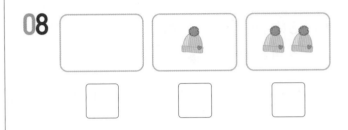

□   □   □

[09~10] 그림을 보고 더 큰 수에 ○표 하세요.

09

10

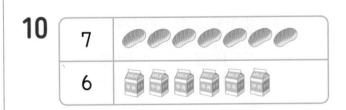

[11~12] 더 작은 수에 △표 하세요.

11 | 4   I |

12 | 3   8 |

유형 19 Ⅰ만큼 더 큰 수 알아보기

예제 3보다 Ⅰ만큼 더 큰 수를 나타내는 것에 ◯표 하세요.

(   )   (   )   (   )

풀이 3보다 Ⅰ만큼 더 큰 수:

3 바로 뒤의 수 → ☐

도넛의 수가 ☐인 것에 ◯표 합니다.

01 그림의 수보다 Ⅰ만큼 더 큰 수를 쓰세요.

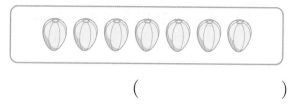

(   )

02 빈칸에 알맞은 수를 써넣으세요.
중요★

Ⅰ만큼 더 큰 수   Ⅰ만큼 더 큰 수

5 → ☐ → ☐

03 왼쪽의 수보다 Ⅰ만큼 더 큰 수만큼 색칠해 보세요.

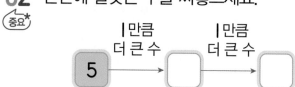

6 ☆☆☆☆☆☆☆☆☆

04 지혜는 한영이네 바로 윗집에 삽니다. 한영이네 집이 4층이라면 지혜네 집은 몇 층일까요?

(   )

유형 20 Ⅰ만큼 더 작은 수 알아보기

예제 고양이의 수보다 Ⅰ만큼 더 작은 수에 ◯표 하세요.

(4 , 5 , 6)

풀이 고양이의 수: ☐

→ ☐보다 Ⅰ만큼 더 작은 수: ☐

05 6보다 Ⅰ만큼 더 작은 수를 나타내는 것에 ◯표 하세요.

🧱🧱🧱🧱🧱🧱	
🧱🧱🧱🧱🧱	
🧱🧱🧱🧱🧱	

06 빈칸에 알맞은 수를 써넣으세요.

Ⅰ만큼 더 작은 수

☐ ← 9

07 자동차의 수를 바르게 나타낸 것의 기호를 쓰세요.

> ㉠ 4보다 1만큼 더 작은 수
> ㉡ 5보다 1만큼 더 작은 수

(   )

08 〔서술형〕 수호는 구슬을 8개보다 1개 더 적게 가지고 있습니다. 수호가 가지고 있는 구슬은 몇 개인지 풀이 과정을 쓰고, 답을 구하세요.

〔1단계〕 8보다 1만큼 더 작은 수 알아보기

_____

〔2단계〕 수호가 가지고 있는 구슬은 몇 개인지 구하기

_____

_____

답 _____

유형 21 1만큼 더 크거나 작은 수 알아보기

〔예제〕 테니스공의 수보다 1만큼 더 큰 수와 1만큼 더 작은 수를 ☐ 안에 쓰세요.

1만큼
더 작은 수   1만큼
더 큰 수

☐ — [◯◯◯] — ☐

〔풀이〕 테니스공의 수: ☐

→ ☐ 보다 1만큼 더 큰 수: ☐

→ ☐ 보다 1만큼 더 작은 수: ☐

09 〈보기〉와 같은 방법으로 색칠해 보세요.

〈보기〉
2 ③ 4 ⑤ 6 7
1만큼 더 작은 수   1만큼 더 큰 수

4 5 6 ⑦ 8 9

10 5를 바르게 설명한 친구의 이름을 쓰세요.

> 민주: 6보다 1만큼 더 큰 수야.
> 정훈: 4보다 1만큼 더 작은 수야.
> 지아: 6보다 1만큼 더 작은 수야.

(   )

11 ☐ 안에 알맞은 수를 써넣으세요.

오늘의 줄넘기 기록: 5번

어제는 오늘보다 하나 더 적게 넘었어.

내일은 오늘보다 하나 더 많이 넘을거야!

어제의 기록: ☐ 번

내일의 목표: ☐ 번

+플러스
유형 22 **2만큼 더 크거나 작은 수 구하기**

예제 다음을 보고 5보다 2만큼 더 큰 수를 구하세요.

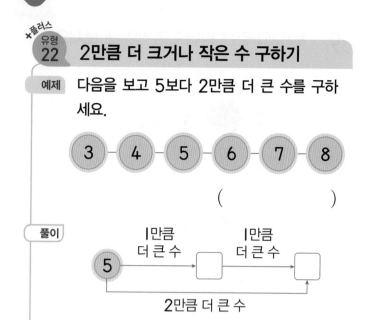

( )

풀이

12 빈 곳에 알맞은 수를 써넣으세요.

13 크레파스는 연필보다 2자루 더 적습니다. 크레파스는 몇 자루일까요?

( )

14 놀이터에 여학생은 3명이고, 남학생은 여학생보다 2명 더 많습니다. 놀이터에 있는 남학생은 몇 명일까요?

( )

유형 23 **0 알아보기**

예제 케이크의 수를 세어 ☐ 안에 알맞은 수를 써넣으세요.

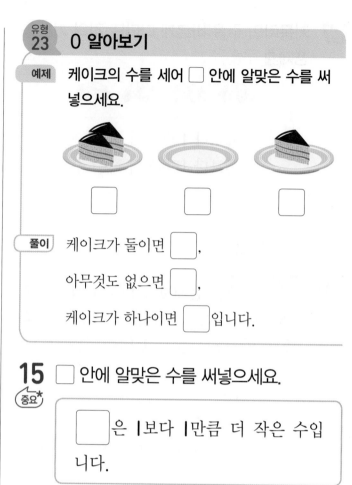

풀이 케이크가 둘이면 ☐,

아무것도 없으면 ☐,

케이크가 하나이면 ☐입니다.

15 ☐ 안에 알맞은 수를 써넣으세요.
중요★

☐은 1보다 1만큼 더 작은 수입니다.

16 바구니 안의 사과 수와 관계있는 것을 모두 찾아 기호를 쓰세요.

㉠ 1 ㉡ 영 ㉢ 둘 ㉣ 0

( )

17 안경을 쓴 친구는 몇 명일까요?

( )

18 현준이는 구슬을 5개 가지고 있었는데 동생에게 구슬을 모두 주었습니다. 현준이에게 남은 구슬은 몇 개일까요?

( )

유형 24 **그림을 보고 두 수의 크기 비교하기**

예제 그림을 보고 알맞은 말에 ◯표 하세요.

5는 6보다 (큽니다 , 작습니다).

풀이 밤은 땅콩보다 (많습니다 , 적습니다).

➔ 5는 6보다 (큽니다 , 작습니다).

19 더 많은 쪽에 ◯표, 더 적은 쪽에 △표 하세요.

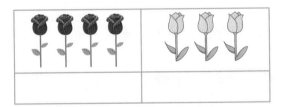

20 그림의 수를 세어 크기를 비교하려고 합니다. ☐ 안에 알맞은 수를 써넣으세요.

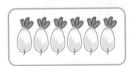 

☐은/는 ☐보다 큽니다.

---

21 치약보다 개수가 적은 것에 ◯표 하세요.

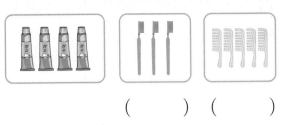

( ) ( )

22 딸기와 토마토 중 어느 것이 더 많은지 ☐ 안에 알맞은 수나 말을 써넣으세요.

7은 ☐보다 크므로

☐가 더 많습니다.

23 **창의형** ◇을 빨간색 또는 파란색으로 색칠하고, 빨간색의 수와 파란색의 수를 세어 두 수의 크기를 비교해 보세요.

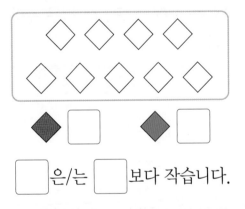

☐은/는 ☐보다 작습니다.

4개보다 더 많이 그려야지~

유형 25 **두 수의 크기 비교하기**

예제 더 큰 수에 ○표 하세요.

| 5 | 4 |

풀이 수만큼 ▲를 그렸을 때 ▲가 더 많은 것이 더 큰 수입니다.

| 5 | ▲▲▲▲▲ |
| 4 | ▲▲▲▲ |

→ ▲가 더 많은 것: ☐

24 수만큼 색칠하고, 알맞은 말에 ○표 하세요.

7 — ☐☐☐☐☐☐☐☐☐☐

6 — ☐☐☐☐☐☐☐☐☐☐

7은 6보다 (큽니다 , 작습니다).

6은 7보다 (큽니다 , 작습니다).

25 더 큰 수에 ○표, 더 작은 수에 △표 하세요.
중요*

| 3 | 8 |

26 틀린 것을 찾아 ×표 하세요.

1은 2보다 큽니다.   (   )

4는 9보다 작습니다.   (   )

27 더 작은 수의 기호를 쓰세요.

> ㉠ 7보다 1만큼 더 작은 수
> ㉡ 4보다 1만큼 더 큰 수

(   )

유형 26 **그림을 보고 세 수의 크기 비교하기**

예제 빨간색, 노란색, 보라색 구슬의 수를 세어 비교하려고 합니다. ☐ 안에 알맞은 수를 써넣으세요.

가장 많은 색구슬의 수는 ☐이고,

가장 적은 색구슬의 수는 ☐입니다.

풀이 구슬의 수: ● ☐ , ● ☐ , ● ☐

→ 가장 많은 색구슬의 수: ☐

→ 가장 적은 색구슬의 수: ☐

28 클립의 수를 세어 알맞게 써넣고, 가장 큰 수에 ○표 하세요.

29 그림을 보고 □ 안에 알맞은 수를 써넣으세요.

□ , □ , □

가장 큰 수: □

가장 작은 수: □

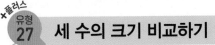

27 **세 수의 크기 비교하기**

예제 6, 1, 3 중 가장 큰 수에 ◯표 하세요.

6   1   3

풀이 수의 순서대로 썼을 때 가장 뒤에 오는 수가 가장 큰 수입니다.

6, 1, 3을 작은 것부터 차례로 쓰면

1, □, □ 이므로 가장 큰 수는 □ 입니다.

30 수만큼 ◯를 그리고, 가장 큰 수와 가장 작은 수를 구하세요.

6					
3					
7					

가장 큰 수 (   )

가장 작은 수 (   )

31 수를 보고 □ 안에 알맞은 수를 써넣으세요.

0   9   4

(1) 수를 작은 것부터 차례로 쓰면

□ , □ , □ 입니다.

(2) 가장 큰 수는 □ 입니다.

(3) 가장 작은 수는 □ 입니다.

32 가장 큰 수를 나타내는 것에 ◯표 하세요.

중요★

다섯   둘   칠

33 다음 수 중에서 3개를 골라 색칠하고, 고른 세 수를 작은 것부터 차례로 쓰세요.

창의형

⑥ ③ ⑦ ④

① ⑧ ② ⑤

(   )

34 큰 수부터 차례로 쓰세요.

(   )

유형 **28** 실생활 속 수의 크기 비교하기

예제 현우는 초콜릿을 5개, 젤리를 6개 먹었습니다. 현우가 더 많이 먹은 것은 무엇일까요?

( )

풀이 초콜릿의 수: ☐, 젤리의 수: ☐

두 수 중 더 큰 수는 ☐ 이므로 현우가 더

많이 먹은 것은 ☐ 입니다.

35 어느 농장에 닭은 8마리, 오리는 5마리, 돼지는 4마리 있습니다. 가장 적은 동물은 무엇인지 풀이 과정을 쓰고, 답을 구하세요.

(서술형)

[1단계] 동물의 수를 작은 것부터 차례로 쓰기

_____

_____

[2단계] 가장 적은 동물 구하기

_____

_____

답 _____

36 책을 더 많이 읽은 사람은 누구일까요?

영우: 나는 책을 4권 읽었어.
준수: 나는 책을 6권보다 1권 더 적게 읽었어.

( )

37 다음 중 다리 수가 가장 많은 것은 무엇일까요?

 개구리: 4개	 사마귀: 6개
 거미: 8개	 오리: 2개

( )

유형 **29** ■보다 큰 수와 ■보다 작은 수

예제 6보다 큰 수를 모두 찾아 쓰세요.

| 8 | 6 | 9 | 4 |

( )

풀이 주어진 수를 작은 것부터 차례로 써서 6보다 큰 수를 찾습니다.

☐, 6, ☐, ☐

6보다 큰 수

38 4보다 작은 수에 모두 색칠해 보세요.

1 2 3 4 5 6

39 ⬤ 안의 수보다 큰 수에 ○표 하세요.

7 [2 8 6]

40 가운데 수보다 작은 수는 빨간색, 가운데 수보다 큰 수는 파란색으로 색칠해 보세요.

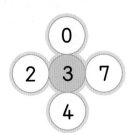

42 나타내는 수가 같도록 ☐ 안에 알맞은 수를 써넣으세요.

중요★

> **7**보다 **1**만큼 더 큰 수

> ☐보다 **1**만큼 더 작은 수

41 다음 중 **5**보다 크고 **8**보다 작은 수를 찾아 쓰세요.

> 2 8 6 5

(   )

43 리아와 규민이가 말하는 조건을 만족하는 수를 모두 구하세요.

리아 : **3**과 **8** 사이에 있는 수야.

규민 : **5**보다 큰 수야.

(   )

+플러스
유형 **30** **조건을 만족하는 수 구하기**

예제 두 조건을 만족하는 수를 구하세요.

> • **2**와 **7** 사이에 있는 수
> • **5**보다 큰 수

(   )

풀이 • **2**와 **7** 사이의 수를 순서대로 쓰기:

☐ , ☐ , ☐ , ☐

• 위에서 구한 수 중 **5**보다 큰 수: ☐

44 두 조건을 만족하는 수를 모두 구하세요.

> • **2**와 **8** 사이에 있는 수
> • **3**보다 크고 **6**보다 작은 수

(1) **2**와 **8** 사이에 있는 수를 작은 것부터 차례로 쓰세요.

☐ , ☐ , ☐ , ☐ , ☐

(2) 두 조건을 만족하는 수를 모두 구하세요.

(   )

1 단원

문제 강의

기준을 바꾸어 몇째인지 나타내기

1 은서는 놀이 기구를 타기 위해 **8**명 중 뒤에서 둘째에 줄을 서 있습니다. 은서는 앞에서 몇째일까요?

( )

해결 tip

기준에 따라 수로 순서를 나타내면?

(앞) 1 2 3 4 5 6 7 8
○ ○ ○ ○ ○ ○ ○ ○
8 7 6 5 4 3 2 1 (뒤)

몇째로 작은 수 구하기

2 다음 수 중에서 넷째로 작은 수는 무엇일까요?

| 4 | 9 | 1 | 7 | 2 | 5 |

( )

전체 펼친 손가락의 수 구하기 (서술형)

3 영훈이와 주희가 가위바위보를 하는데 주희가 가위를 내서 이겼습니다. 두 사람이 펼친 손가락의 수를 모두 세면 얼마인지 풀이 과정을 쓰고, 답을 구하세요.

풀이 _____

_____

_____

답 _____

가위바위보에서 이기려면?

이기는 것	지는 것
바위	가위
보	바위
가위	보

가장 큰 수가 몇째에 있는지 구하기

4 다음 중 가장 큰 수는 오른쪽에서 몇째에 있는지 구하세요.

왼쪽   오른쪽

( )

몇째로 적은 것 구하기

서술형

5 친구들이 가지고 있는 딱지의 수입니다. 딱지를 둘째로 적게 가지고 있는 친구는 누구인지 풀이 과정을 쓰고, 답을 구하세요.

이름	경수	희재	용훈	연아
딱지(장)	5	8	6	3

풀이 _____

_____

_____

_____

답 _____

위와 아래에서 몇째인지를 보고 전체의 수 구하기

6 현수는 각각 다른 종류의 책을 한 층에 한 권씩 쌓았습니다. 동화책은 아래에서 셋째, 위에서 다섯째에 있습니다. 현수가 쌓은 책은 모두 몇 권일까요?

( )

해결 tip

1 단원

아래에서 셋째보다 아래에 있는 책 수는?

셋째	→ 아래에 2권
둘째	2
첫째	1

공통으로 들어갈 수 있는 수 구하기

7 1부터 9까지의 수 중에서 ㉠과 ㉡에 공통으로 들어갈 수 있는 수를 모두 구하세요.

> • 5는 ㉠보다 작습니다.
> • ㉡은 8보다 작습니다.

(1) ㉠에 들어갈 수 있는 수를 모두 구하세요.

(   )

(2) ㉡에 들어갈 수 있는 수를 모두 구하세요.

(   )

(3) ㉠과 ㉡에 공통으로 들어갈 수 있는 수를 모두 구하세요.

(   )

1만큼 더 큰(작은) 수의 크기 비교하기

8 놀이터에 여학생이 4명, 남학생이 5명 있었습니다. 여학생 2명이 더 왔고, 남학생 1명이 집으로 돌아갔습니다. 지금 놀이터에 여학생과 남학생 중 누가 더 많을까요?

(1) 지금 놀이터에 있는 여학생은 몇 명일까요?

(   )

(2) 지금 놀이터에 있는 남학생은 몇 명일까요?

(   )

(3) 지금 놀이터에 여학생과 남학생 중 누가 더 많을까요?

(   )

01 사과의 수를 세어 알맞은 수에 ○표 하세요.

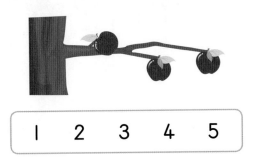

I	2	3	4	5

02 수만큼 ○를 그려 보세요.

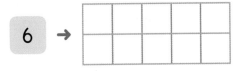

03 단추의 수를 세어 쓰고, 두 가지로 읽어 보세요.

쓰기 (   )

읽기 (,   )

04 물고기의 수를 세어 □ 안에 알맞은 수를 써넣으세요.

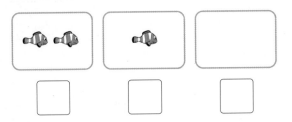

05 수를 순서대로 이어 보세요.

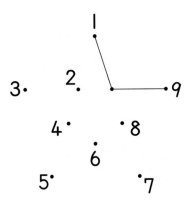

06 수를 세어 □ 안에 알맞은 수를 써넣고, 알맞은 말에 ○표 하세요.

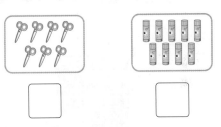

7은 9보다 (큽니다 , 작습니다).

07 왼쪽에서부터 알맞게 색칠해 보세요.

5	⬭⬭⬭⬭⬭⬭⬭⬭
다섯째	⬭⬭⬭⬭⬭⬭⬭⬭

08 빈 곳에 알맞은 수를 써넣으세요.

09 축구공의 수보다 1만큼 더 큰 수에 ○표 하세요.

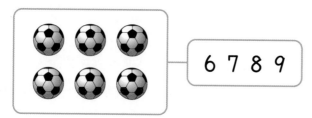

6 7 8 9

[10~11] 책을 쌓아 놓은 것을 보고 물음에 답하세요.

10 노란색 책은 위에서 몇째일까요?

( )

11 아래에서 여섯째에 있는 책은 어떤 색일까요?

( )

12 순서를 거꾸로 하여 빈 곳에 알맞은 수를 써넣으세요.

13 가장 큰 수에 ○표, 가장 작은 수에 △표 하세요.

7   2   3

14 나타내는 수가 다른 하나를 찾아 기호를 쓰려고 합니다. 풀이 과정을 쓰고, 답을 구하세요.
서술형

㉠ 여덟   ㉡ 육   ㉢ 팔

풀이

답

15 책꽂이에 책이 번호 순서대로 꽂혀 있습니다. 4번과 6번 사이에 꽂혀 있는 책은 몇 번일까요?

( )

16 _{서술형} 화단에 나비가 7마리, 잠자리가 5마리 있습니다. 나비와 잠자리 중 더 많은 것은 무엇인지 풀이 과정을 쓰고, 답을 구하세요.

풀이

답

17 초콜릿을 가장 많이 가지고 있는 사람은 누구일까요?

현우 : 난 초콜릿을 6개 가지고 있어.

미나 : 난 초콜릿을 현우보다 1개 더 많이 가지고 있어.

준호 : 내가 가지고 있는 초콜릿의 수는 6보다 1만큼 더 작아.

( )

18 극장 입구에 9명이 한 줄로 서 있습니다. 우성이 앞에 5명이 있다면 우성이는 뒤에서 몇째일까요?

( )

19 _{서술형} 지유네 가족은 아빠, 엄마, 지유입니다. 곧 지유의 동생이 1명 태어납니다. 동생이 태어나면 지유네 가족은 몇 명이 되는지 풀이 과정을 쓰고, 답을 구하세요.

풀이

답

20 수 카드를 큰 수부터 순서대로 놓았을 때 뒤에서 셋째에 놓이는 수를 구하세요.

5 4 0 8 2 9

( )

2

여러 가지 모양

학습을 끝낸 후
색칠하세요.

개념
확인하기

유형
다잡기
유형 01~14

★ 중요 유형

⊙ 이전에 배운 내용

[누리과정]

물체 관찰하기
물체의 위치, 방향, 모양 구별하기

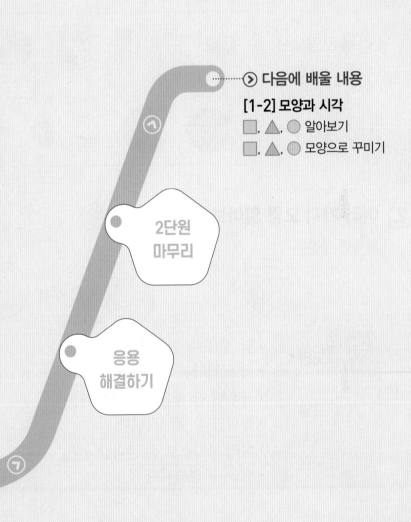

개념 확인하기

① 여러 가지 모양 찾기

🔲, 🔵, ⚪ 모양 찾기

- 🔲 모양 →
- 🔵 모양 →
- ⚪ 모양 →

같은 모양 찾기
물건의 크기, 색깔, 방향 등에 상관없이 물건들이 갖고 있는 특징에 따라 🔲, 🔵, ⚪ 모양으로 나눌 수 있습니다.

② 여러 가지 모양 알아보기

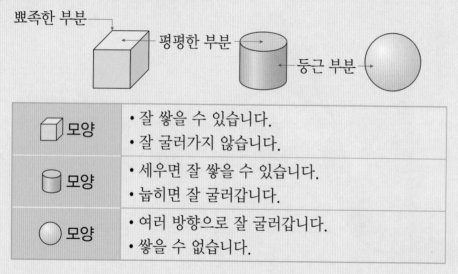

뾰족한 부분 / 평평한 부분 / 둥근 부분

🔲 모양	• 잘 쌓을 수 있습니다. • 잘 굴러가지 않습니다.
🔵 모양	• 세우면 잘 쌓을 수 있습니다. • 눕히면 잘 굴러갑니다.
⚪ 모양	• 여러 방향으로 잘 굴러갑니다. • 쌓을 수 없습니다.

잘 쌓을 수 있는 모양과 잘 굴릴 수 있는 모양 찾기
① 평평한 부분이 있으면 잘 쌓을 수 있습니다.
② 둥근 부분이 있으면 잘 굴러갑니다.

③ 여러 가지 모양으로 만들기

🔲, 🔵, ⚪ 모양으로 기차 모양 만들기

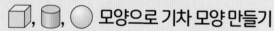

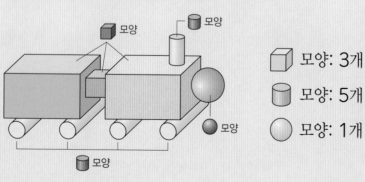

🔲 모양
🔵 모양
⚪ 모양
🔵 모양

🔲 모양: 3개

🔵 모양: 5개

⚪ 모양: 1개

[01~03] 왼쪽과 같은 모양의 물건에 ◯표 하세요.

01

02
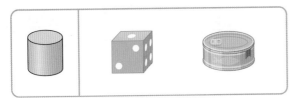

03

[04~06] 왼쪽 물건과 같은 모양을 찾아 ◯표 하세요.

04

05

06
 (▱ , ▯ , ◯)

[07~09] 설명이 맞으면 ◯표, 틀리면 ✕표 하세요.

07
◯ 모양은 잘 쌓을 수 있습니다. ( )

08
▯ 모양은 둥근 부분이 있습니다. ( )

09
▱ 모양은 평평한 부분 이 있습니다. ( )

[10~11] 모양을 보고 ☐ 안에 알맞은 수를 써넣으세요.

10
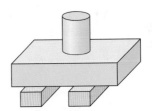

▱ 모양 3개, ▯ 모양 ☐ 개를 사용하여 만들었습니다.

11
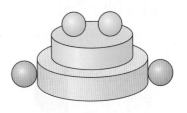

▯ 모양 2개, ◯ 모양 ☐ 개를 사용하여 만들었습니다.

유형 01 ⬜, ⬛, ⚪ **모양 찾기**

예제 ⬜ 모양에 □표, ⬛ 모양에 △표, ⚪ 모양에 ◯표 하세요.

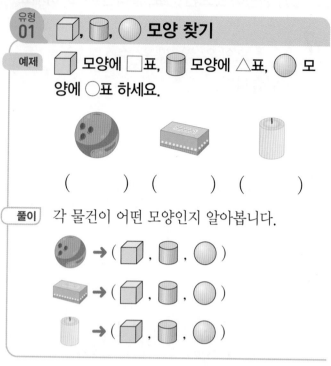

(   ) (   ) (   )

풀이 각 물건이 어떤 모양인지 알아봅니다.

⚪ → (⬜ , ⬛ , ⚪)

⬜ → (⬜ , ⬛ , ⚪)

⬛ → (⬜ , ⬛ , ⚪)

01 ⬜ 모양을 찾아 ◯표 하세요.

(   ) (   ) (   )

02 ⬛ 모양이 <u>아닌</u> 것을 찾아 기호를 쓰세요.

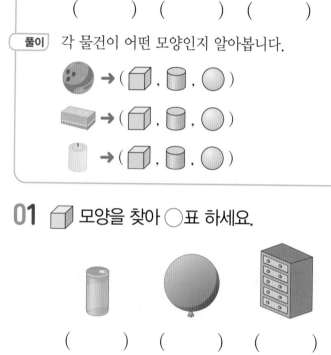

(   )

03 그림에서 ⬜ 모양은 □표, ⬛ 모양은 △표, ⚪ 모양은 ◯표 하세요.

(   ) (   ) (   )

(   ) (   ) (   )

04 ⚪ 모양은 모두 몇 개일까요?

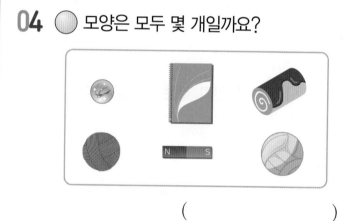

(   )

05 주변에서 볼 수 있는 물건 중에서 ⬛ 모양 인 것을 찾아 **2개** 쓰세요.

창의형

(   )

유형 02 물건이 어떤 모양인지 알아보기

예제 물건과 모양을 <u>잘못</u> 짝 지은 것에 △표 하세요.

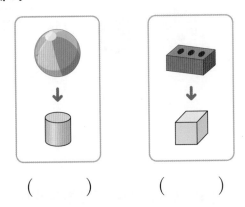

(   )   (   )

풀이 공과 벽돌이 어떤 모양인지 알아봅니다.

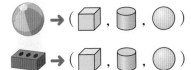

06 다음 물건과 같은 모양을 찾아 ◯표 하세요.

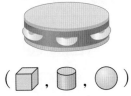

07 다음 물건과 같은 모양의 물건을 찾아 기호를 쓰세요.

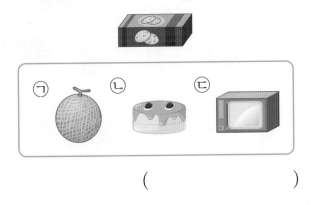

(   )

08 오른쪽 물건과 모양이 다른 물건을 찾아 쓰세요.

골프공   체중계   풍선

(   )

09 모양이 다른 물건을 찾아 △표 하세요.
중요★

(   )   (   )   (   )

유형 03 같은 모양끼리 모으기

예제 어떤 모양을 모은 것인지 찾아 ◯표 하세요.

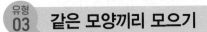

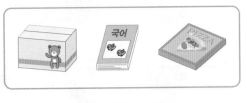

풀이 주어진 물건은 모두
(▦ , ▯ , ◯) 모양입니다.

10 같은 모양의 물건끼리 이어 보세요.

(1)  · ·

(2) · ·

(3) · ·

11 같은 모양의 물건끼리 모은 것에 ○표 하세요.
중요★

(   )   (   )

12 모양이 같은 물건끼리 모으려고 합니다. 빈칸에 알맞은 기호를 써넣으세요.

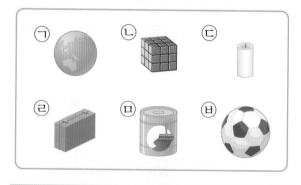

📦 모양	🥫 모양	⚪ 모양

13 🥫 모양끼리 모으려고 합니다. 모을 수 있는 물건은 모두 몇 개일까요?

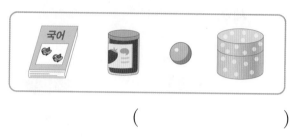

(   )

예제 가장 많은 모양을 찾아 ○표 하세요.

(📦 , 🥫 , ⚪)

풀이 📦 모양 [ ]개, 🥫 모양 [ ]개,

⚪ 모양 [ ]개

14 가장 적은 모양을 찾아 기호를 쓰세요.

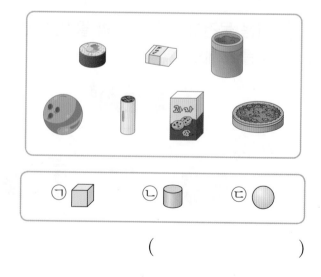

㉠ 📦	㉡ 🥫	㉢ ⚪

(   )

15 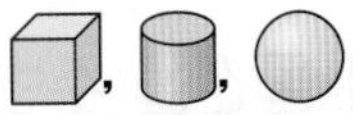 모양 중 가장 많은 모양의 물건은 몇 개일까요?

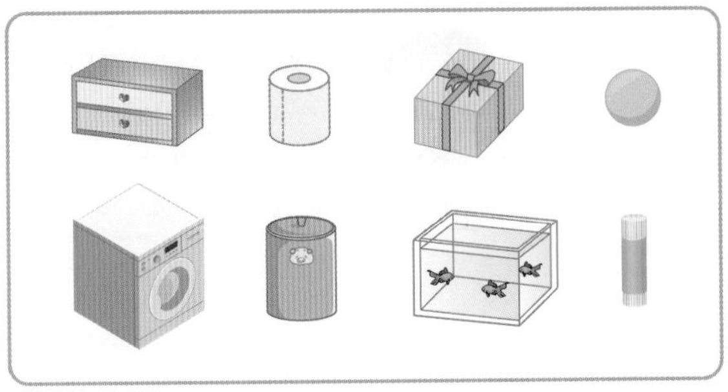

(　　　　　　　　　)

유형 05 설명에 알맞은 모양 찾기

예제 설명에 알맞은 모양을 찾아 ○표 하세요.

평평한 부분과 둥근 부분이 모두 있습니다.

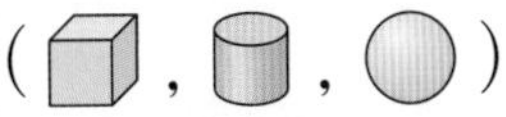

풀이 평평한 부분이 있는 모양

→ 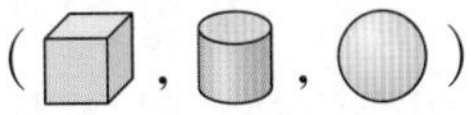

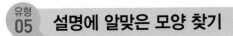

둥근 부분이 있는 모양

→ 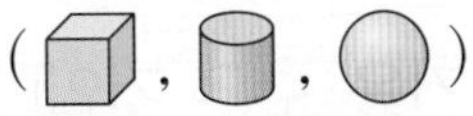

평평한 부분과 둥근 부분이 모두 있는 모양

→ 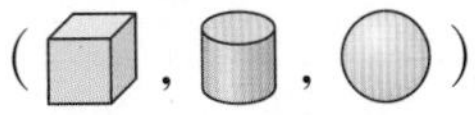

16 둥근 부분만 있는 모양을 찾아 기호를 쓰세요.

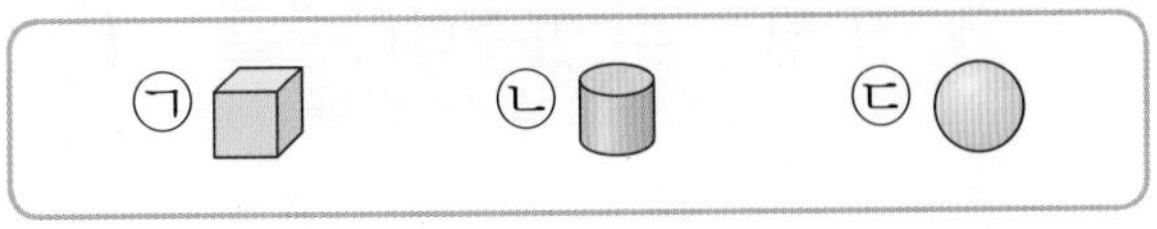

(　　　　　　　　　)

17 평평한 부분이 2개 있는 모양에 ○표 하세요.

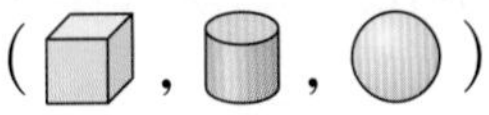

18 중요 뾰족한 부분이 있는 모양의 물건을 찾아 ○표 하세요.

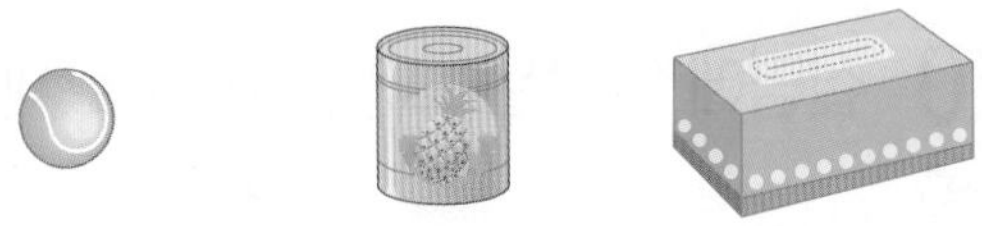

(　　　)　(　　　)　(　　　)

19 서술형 둥근 부분이 없는 모양의 물건은 모두 몇 개인지 풀이 과정을 쓰고, 답을 구하세요.

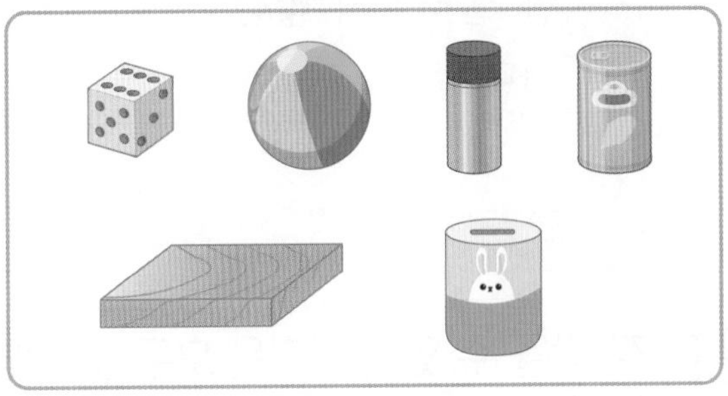

1단계 둥근 부분이 없는 모양 알아보기

2단계 둥근 부분이 없는 모양의 물건은 몇 개인지 구하기

답

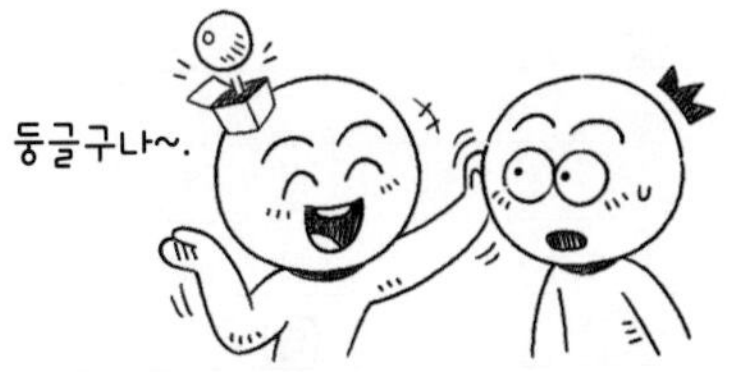

2 단원

유형 06 잘 쌓거나 굴릴 수 있는 모양 찾기

예제 잘 굴러가는 모양을 모두 찾아 ◯표 하세요.

(▯ , ⬭ , ◯)

풀이 잘 굴러가는 모양은 둥근 부분이 있는
(▯ , ⬭ , ◯) 모양입니다.

20 설명에 알맞은 모양을 이어 보세요.
중요★

(1) 세우면 잘 쌓을 수
있고 눕히면 잘 굴
러갑니다.

· ▱

(2) 잘 쌓을 수 있지만
잘 굴러가지 않습
니다.

· ⬭

· ◯

21 잘 쌓을 수 있는 물건은 모두 몇 개인지 풀
서술형 이 과정을 쓰고, 답을 구하세요.

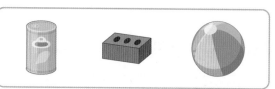

[1단계] 잘 쌓을 수 있는 물건 찾기

_____

_____

[2단계] 잘 쌓을 수 있는 물건의 개수 쓰기

_____

_____

답 _____

22 현우가 설명하는 모양의 물건을 주변에서
2가지 찾아 쓰세요.

쌓을 수는 없지만
잘 굴러가.

현우

(   )

╋플러스 유형 07 모양을 설명하기

예제 ⬭ 모양을 <u>잘못</u> 설명한 것의 기호를 쓰세요.

⊙ 잘 굴러갑니다.
ⓒ 뾰족한 부분이 있습니다.

(   )

풀이 ⬭ 모양은
잘 (굴러갑니다 , 굴러가지 않습니다).
뾰족한 부분이 (있습니다 , 없습니다).

23 같은 모양의 물건을 모은 것입니다. 바르
게 설명한 것에 ◯표 하세요.

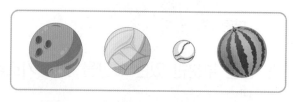

잘 쌓을 수 있습니다.   (   )

잘 굴러갑니다.   (   )

24 상자 안에 손을 넣어 물건을 만져 보고 말한 것입니다. <u>잘못</u> 설명한 친구의 이름을 쓰세요.

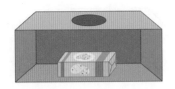

> 유라: 뾰족한 부분이 있어.
> 재민: 잘 쌓을 수 있어.
> 선주: 둥근 부분이 있어.

(   )

25 ⬜, 🔵, ⚪ 모양 중 한 가지 모양을 선택하여 ○표 하고, 그 모양의 특징을 쓰세요.
(창의형)

(⬜ , 🔵 , ⚪)

특징

+플러스
유형 08 **보이는 부분을 보고 어떤 모양인지 알기**

예제 오른쪽에 보이는 모양을 보고 어떤 모양인지 찾아 ○표 하세요.

(⬜ , 🔵 , ⚪)

풀이 오른쪽의 모양에서 보이는 부분:
(평평한 , 뾰족한 , 둥근) 부분
오른쪽 모양 ➡ (⬜ , 🔵 , ⚪)

---

26 왼쪽의 보이는 모양에 알맞은 모양을 찾아 이어 보세요.

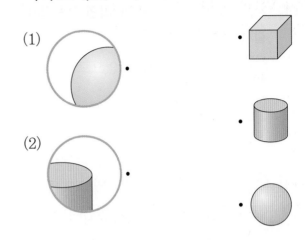

(1)

(2)

27 오른쪽에 보이는 모양과 같은 모양의 물건을 찾아 기호를 쓰세요.
(중요★)

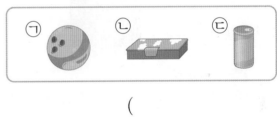

(   )

28 오른쪽에 보이는 모양과 같은 모양의 물건은 모두 몇 개인지 구하세요.

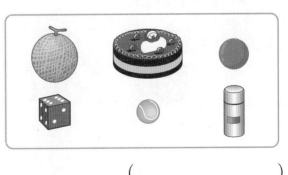

(   )

예제　자동차 바퀴가 ⬜ 모양이라면 어떤 일이 생길지 설명해 보세요.

　　　⬜ 모양은 둥근 부분이 없으므로

　　　_____

　　　_____

풀이　⬜ 모양은 평평한 부분만 있고
　　　(뾰족한 , 둥근) 부분은 없습니다.

　　　➡ ⬜ 모양은
　　　　잘 (굴러갑니다 , 굴러가지 않습니다).

29 의자가 ⚪ 모양이라면 어떤 일이 생길지 설명해 보세요.

　　⚪ 모양은

　　_____

30 볼링공이 ⬜ 모양이라면 어떤 일이 생길지 설명해 보세요.

　　⬜ 모양은

　　_____

예제　⬜ 모양으로만 만든 모양에 ◯표 하세요.

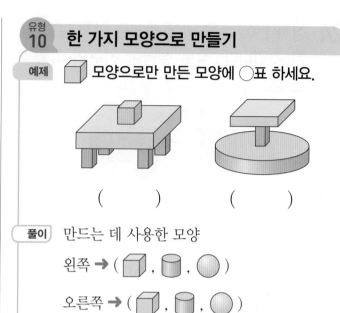

　　(　　)　　　　(　　)

풀이　만드는 데 사용한 모양

　　왼쪽 ➡ (⬜ , 🔵 , ⚪)

　　오른쪽 ➡ (⬜ , 🔵 , ⚪)

31 각각의 모양을 만드는 데 사용한 모양을 찾아 이어 보세요.
중요★

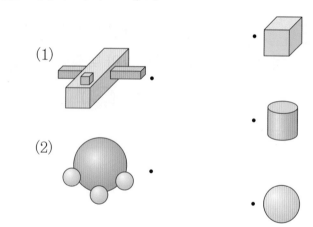

(1)

(2)

32 다음 모양을 바르게 설명한 친구의 이름을 쓰세요.

　아름: ⬜ 모양만 사용해서 만들었어.

　민주: 🔵 모양만 사용해서 만들었어.

　　　　　　　(　　　　　　)

유형 11 여러 가지 모양으로 만들기

예제 다음 모양을 만드는 데 사용하지 <u>않은</u> 모양에 ◯표 하세요.

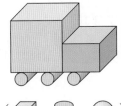

()

풀이 만드는 데 사용한 모양

→ ( )

만드는 데 사용하지 않은 모양

→ ()

33 다음 모양을 만드는 데 사용한 모양을 모두 찾아 ◯표 하세요.

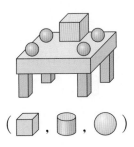

(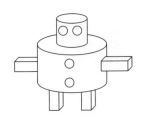)

34 🟦 모양은 초록색, 🔵 모양은 분홍색, 🟡 모양은 노란색으로 색칠해 보세요.

35 서술형 두 모양을 만드는 데 모두 사용한 모양을 찾아 기호를 쓰려고 합니다. 풀이 과정을 쓰고, 답을 구하세요.

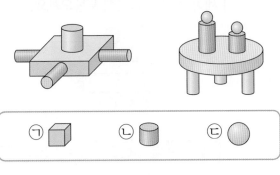

ㄱ 🟦   ㄴ 🔵   ㄷ 🟡

1단계 두 모양을 만드는 데 사용한 모양 각각 알아보기

_____

_____

2단계 두 모양을 만드는 데 모두 사용한 모양을 찾아 기호 쓰기

_____

답 _____

36 중요 서로 다른 부분을 모두 찾아 오른쪽 그림에 ◯표 하세요.

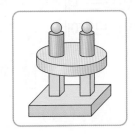   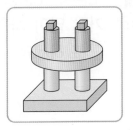

유형 12 사용한 모양의 개수 구하기

예제 ⬜, ⬛, ⚪ 모양을 각각 몇 개 사용했는지 세어 빈칸에 알맞게 써넣으세요.

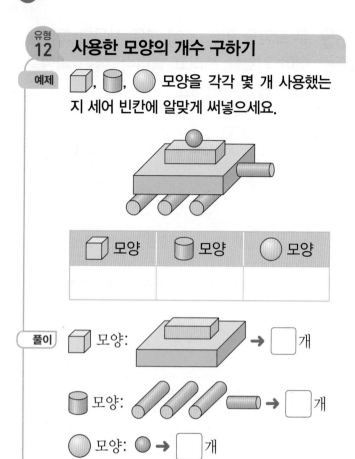

⬜ 모양	⬛ 모양	⚪ 모양

풀이 ⬜ 모양: 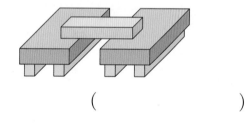 → ⬜ 개

⬛ 모양: → 개

⚪ 모양: ⚪ → 개

37 ⬜ 모양을 몇 개 사용했는지 구하세요.

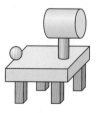

(   )

38 오른쪽 모양을 만드는 데
중요 가장 많이 사용한 모양에
○표 하세요.

(⬜ , ⬛ , ⚪)

39 ⚪ 모양을 더 많이 사용한 것의 기호를 쓰세요.

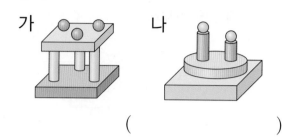

(   )

유형 13 조건에 맞게 만들기

예제 ⬜ 모양과 ⬛ 모양만 사용하여 만든 모양에 ○표 하세요.

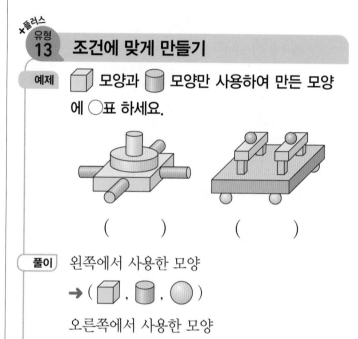

(   )   (   )

풀이 왼쪽에서 사용한 모양
→ (⬜ , ⬛ , ⚪)

오른쪽에서 사용한 모양
→ (⬜ , ⬛ , ⚪)

40 주어진 모양을 모두 사용하여 만들 수 있는 모양에 ○표 하세요.
중요

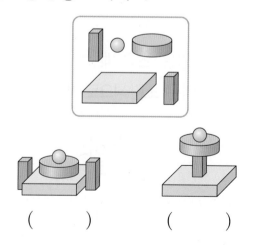

(   )   (   )

41 다음 모양을 바르게 설명한 사람은 누구인
〔서술형〕 지 풀이 과정을 쓰고, 답을 구하세요.

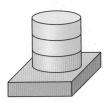

주아: ⬜ 모양을 가장 많이 사용했어.

태오: ⬭ 모양을 ⬜ 모양보다 더 많
　　 이 사용했어.

〔1단계〕 모양을 만드는 데 사용한 모양과 개수 알아보기

_____

_____

〔2단계〕 바르게 설명한 사람의 이름 쓰기

_____

_____

　　　　　　　 답 _____

42 규칙에 따라 물건을 놓았습니다. 빈 곳에
알맞은 물건의 모양을 찾아 ○표 하세요.

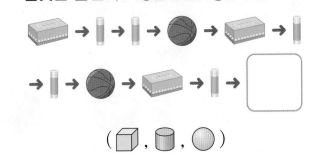

(⬜ , ⬭ , ○)

43 〈규칙〉에 따라 순서대로 모양을 따라가면
강아지가 먹고 싶은 간식을 알 수 있습니
다. 가는 길을 선으로 나타내고, 도착한 곳
의 간식에 ○표 하세요.

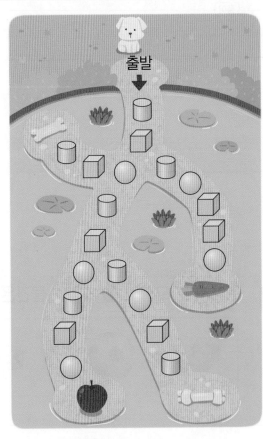

⁺플러스
유형
14 **규칙에 맞는 모양 찾기**

〔예제〕 규칙에 따라 모양을 놓았습니다. 빈칸에 알
맞은 모양을 찾아 ○표 하세요.

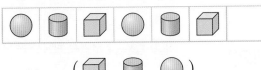

(⬜ , ⬭ , ○)

〔풀이〕 반복되는 모양을 찾아보면

○ , ⬭ , ⬜ 모양이 순서대로 반복됩니다.

⬜ 다음에 올 모양 ➜ (⬜ , ⬭ , ◯)

STEP 3 응용 **해결하기**

설명에 맞는 물건을 더 많이 모은 사람 구하기

1 평평한 부분이 있는 물건을 더 많이 모은 사람은 누구일까요?

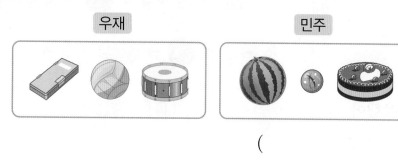

우재 　　　　　민주

(　　　　　　　)

사용한 모양 중 설명에 맞는 모양의 개수 구하기

2 오른쪽 모양에서 둥근 부분이 있는 모양은 모두 몇 개 사용했는지 풀이 과정을 쓰고, 답을 구하세요.

〔서술형〕

〔풀이〕 _____

_____

_____

〔답〕 _____

위에서 본 모양 알아보기

3 위에서 본 모양이 ● 모양인 물건은 모두 몇 개일까요?

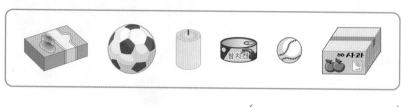

(　　　　　　　)

해결 tip

⬡, ⬭, ◯ 모양을 위에서 본 모양은?

⬡ 모양 → ☐

⬭ 모양 → ◯

◯ 모양 → ◯

새로운 모양 만들기

4 〈보기〉에서 사용한 모양을 모두 사용하여 새로운 모양을 만든 사람은 누구일까요?

〈보기〉

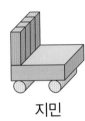
지민

수찬

(   )

사용한 모양의 개수 구하기

5 다음 모양을 만드는 데 사용한 ◯ 모양의 수보다 1만큼 더 큰 수를 구하세요.

(   )

모양을 여러 개 만들 때 필요한 모양의 수 구하기

6 오른쪽 모양과 똑같은 모양을 2개 만들려고 합니다. ⬛, 🟦, ◯ 모양은 각각 몇 개 필요한지 풀이 과정을 쓰고, 답을 구하세요.

서술형

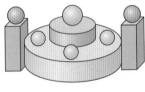

풀이

답 ⬛ 모양: , 🟦 모양: , ◯ 모양:

해결 tip

〈보기〉에서 사용한 모양은?

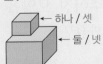

똑같은 모양을 2개 만드는 데 필요한 모양의 수는?

 ← 하나 / 셋
 ← 둘 / 넷

수를 센 것에 이어 세기로 한 번 더 수를 셉니다.

두 사람이 사용한 모양의 개수 비교하기

7 지유와 재민이가 만든 모양입니다. 두 사람이 사용한 모양의 개수가 다른 것은 어떤 모양일까요?

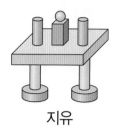
지유

재민

(1) 지유와 재민이가 모양을 만드는 데 사용한 모양은 각각 몇 개일까요?

	⬜ 모양	⬛ 모양	⚪ 모양
지유(개)			
재민(개)			

(2) 지유와 재민이가 사용한 모양의 개수가 다른 모양을 찾아 ◯표 하세요.

(⬜ , ⬛ , ⚪)

처음에 가지고 있던 모양의 개수 구하기

8 인호가 오른쪽 모양을 만들었더니 ⬜ 모양이 1개 남았습니다. 인호가 처음에 가지고 있던 ⬜, ⬛, ⚪ 모양은 각각 몇 개일까요?

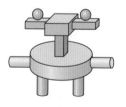

(1) 주어진 모양을 만드는 데 사용한 모양은 각각 몇 개일까요?

⬜ 모양	⬛ 모양	⚪ 모양

(2) 인호가 처음에 가지고 있던 모양은 각각 몇 개일까요?

⬜ 모양	⬛ 모양	⚪ 모양

해결 tip

⬜ 모양이 1개 남았다면?

처음에 가지고 있던
⬜ 모양의 수

↓

주어진 모양에
사용한 ⬜ 모양의 수

보다 **1**만큼 더 큰 수

01 왼쪽과 같은 모양에 ◯표 하세요.

[02~03] 그림을 보고 물음에 답하세요.

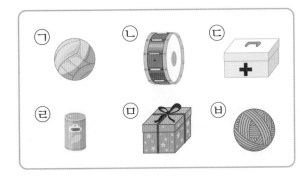

02  모양을 모두 찾아 기호를 쓰세요.

(   )

03 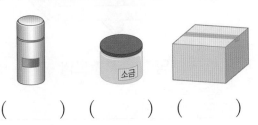과 같은 모양의 물건을 모두 찾아 기호를 쓰세요.

(   )

04 모양이 다른 물건을 찾아 ◯표 하세요.

(   ) (   ) (   )

05 설명에 알맞은 모양을 찾아 ◯표 하세요.

모든 부분이 둥근 모양입니다.

(⬛ , 🟦 , ⚫)

06 같은 모양의 물건끼리 이어 보세요.

(1)   ·   ·

(2)   ·   ·

(3)   ·   ·

07 오른쪽 모양을 만드는 데 사용한 모양에 ◯표 하세요.

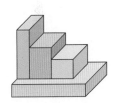

(⬛ , 🟦 , ⚫)

08 같은 모양끼리 모은 것에 ◯표 하세요.

   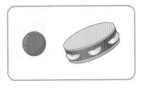

(   )   (   )

09 오른쪽에 보이는 모양과 같은 모양의 물건을 찾아 기호를 쓰세요.

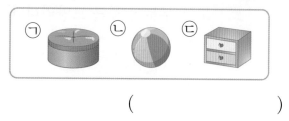

(   )

10 다음 모양을 만드는 데 사용하지 <u>않은</u> 모양에 ◯표 하세요.

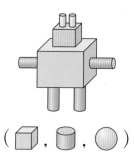

(🎲 , 🥫 , ⚪)

11 오른쪽 상자 안에 손을 넣어 물건을 만져 보고 말한 것입니다. 잘못 설명한 것을 찾아 기호를 쓰세요.

⊙ 뾰족한 부분이 있습니다.
⊙ 세우면 잘 쌓을 수 있습니다.
⊙ 한 방향으로 잘 굴러갑니다.

(   )

12 🎲, 🥫, ⚪ 모양 중 가장 많은 모양의 물건은 몇 개 있을까요?

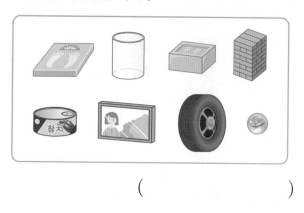

(   )

13 🎲 모양과 🥫 모양의 다른 점을 쓰세요.

서술형

다른 점 _____

_____

_____

14 다음 모양을 만드는 데 🎲, 🥫, ⚪ 모양을 각각 몇 개 사용했는지 세어 보세요.

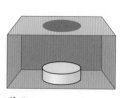

🎲 모양	🥫 모양	◯ 모양

15 주어진 모양을 모두 사용하여 만들 수 있는 모양에 ◯표 하세요.

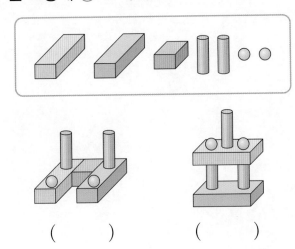

( ) ( )

16 오른쪽 모양에서 평평한 부분이 있는 모양은 모두 몇 개 사용했나요?

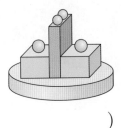

( )

17 쌓을 수 없는 물건은 모두 몇 개인지 풀이 과정을 쓰고, 답을 구하세요.

서술형

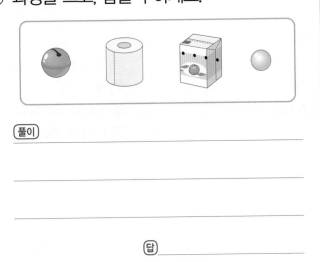

풀이

답

18 ⬭ 모양을 더 많이 사용한 것의 기호를 쓰세요.

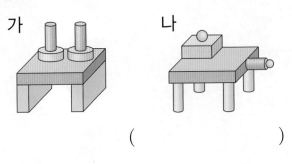

가 나

( )

19 규칙에 따라 모양을 놓았습니다. 빈칸에 알맞은 모양과 같은 모양의 물건을 찾아 ◯표 하세요.

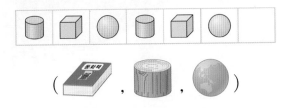

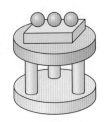

(, ,)

20 오른쪽 모양을 만드는 데 가장 많이 사용한 모양은 몇 개를 사용했는지 풀이 과정을 쓰고, 답을 구하세요.

서술형

풀이

답

3

덧셈과 뺄셈

학습을 끝낸 후
색칠하세요.

개념
확인하기

유형
다잡기
유형 01~12

개념
확인하기

유형
다잡기
유형 13~21

⭐ 중요 유형

04 9까지의 수 모으기
05 9까지의 수 가르기
10 실생활 속 모으기와 가르기
12 그림을 보고 이야기 만들기

⭐ 중요 유형

14 덧셈하기
16 실생활 속 덧셈하기
18 뺄셈하기
20 실생활 속 뺄셈하기
21 □ 안에 알맞은 수 구하기

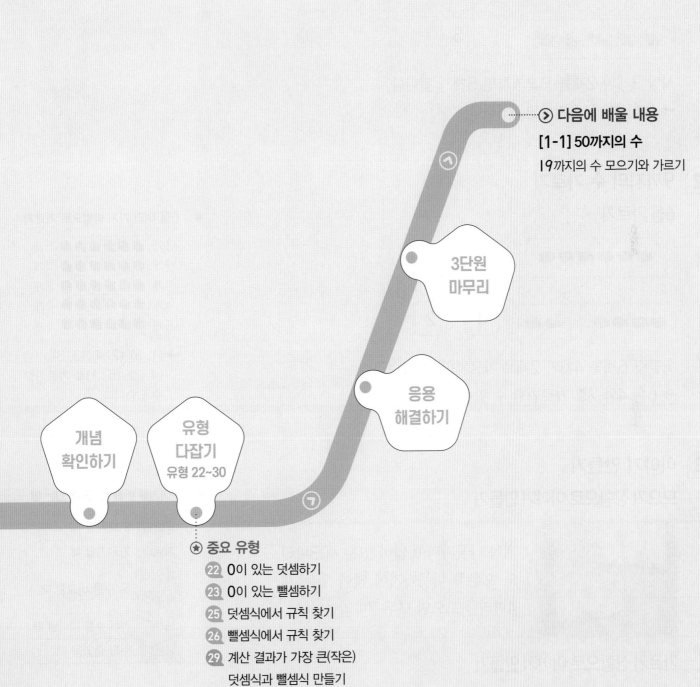

개념 확인하기

① 9까지의 수 모으기

3과 2를 모으기

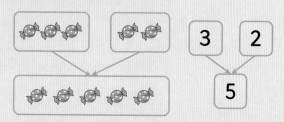

사탕 3개와 2개를 모으기하면 5개가 됩니다.

→ 3과 2를 모으기하면 5입니다.

② 9까지의 수 가르기

6을 가르기

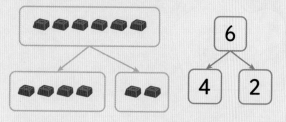

초콜릿 6개를 4개와 2개로 가르기할 수 있습니다.

→ 6은 4와 2로 가르기할 수 있습니다.

● **6을 여러 가지 방법으로 가르기**

1개	🍫🍫🍫🍫🍫	5개
2개	🍫🍫🍫🍫🍫🍫	4개
3개	🍫🍫🍫🍫🍫🍫	3개
4개	🍫🍫🍫🍫🍫🍫	2개
5개	🍫🍫🍫🍫🍫🍫	1개

→ (1, 5), (2, 4), (3, 3), (4, 2), (5, 1)로 가르기할 수 있습니다.

③ 이야기 만들기

모으기 상황으로 이야기 만들기

왼쪽 나뭇가지에 앉아 있는 새 3마리와 오른쪽 나뭇가지에 앉아 있는 새 4마리를 모으면 모두 7마리입니다.

● **이야기를 만들 때 쓸 수 있는 말**

모으다	모으기할 때
가르다	가르기할 때
더 많다	두 수를 비교할 때
더 적다	
모두	전체 수를 나타낼 때
남는다	수가 줄었을 때

가르기 상황으로 이야기 만들기

7명의 어린이를 안경을 쓴 어린이 2명과 안경을 쓰지 않은 어린이 5명으로 가를 수 있습니다.

[01~02] 그림을 보고 모으기를 해 보세요.

01

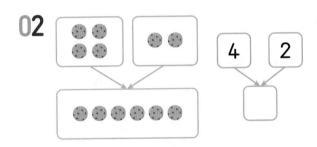

02

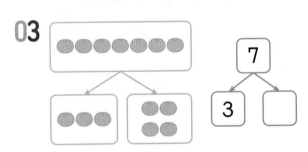

[03~04] 그림을 보고 가르기를 해 보세요.

03

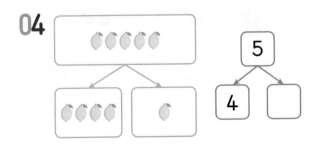

04

[05~08] 모으기와 가르기를 해 보세요.

05

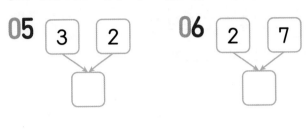

06

07

08

[09~10] 그림을 보고 이야기를 만들어 보세요.

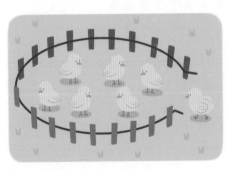

09 울타리 안에 있는 병아리는 6마리이고,

새로 온 병아리는 ☐ 마리입니다.

10 병아리 6마리와 ☐ 마리를 모으면

☐ 마리가 됩니다.

유형 다잡기

유형 01 그림을 보고 모으기

예제 그림을 보고 모으기를 해 보세요.

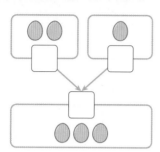

풀이 달걀 ☐개와 달걀 ☐개를 모으기

→ 달걀 ☐개

01 그림을 보고 모으기를 해 보세요.
중요★

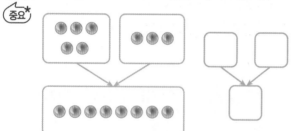

02 그림을 보고 모으기하여 ☐ 안에 알맞은 수를 써넣으세요.

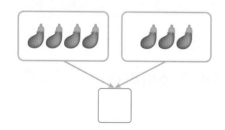

03 그림을 보고 모으기를 해 보세요.

유형 02 그림을 보고 가르기

예제 그림을 보고 가르기를 해 보세요.

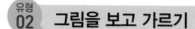
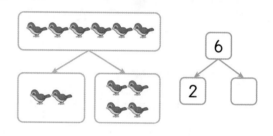

풀이 참새 6마리

→ 2마리와 ☐마리로 가르기

04 그림을 보고 가르기를 해 보세요.

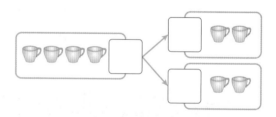

05 ☐ 안에 알맞은 수를 써넣으세요.

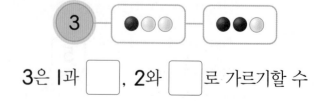

3은 1과 ☐, 2와 ☐로 가르기할 수 있습니다.

06 5를 가르기한 그림이 <u>아닌</u> 것에 ✕표 하세요.

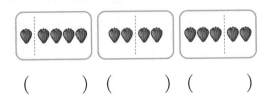

(   ) (   ) (   )

07 그림을 보고 가르기를 해 보세요.
★중요

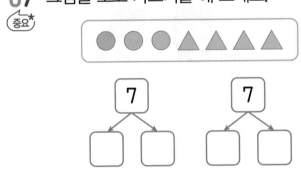

유형 03 그리거나 색칠하여 모으기와 가르기

예제 빈 곳에 알맞은 수만큼 ◯를 그려 보세요.

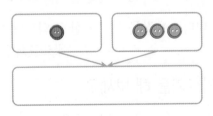

풀이 단추 1개와 3개를 모으기하면 ☐ 개

→ ◯를 ☐ 개 그리기

08 그림에 알맞은 수만큼 ◯를 그리고, 가르기를 해 보세요.

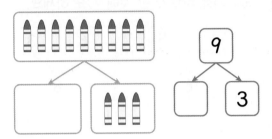

09 6을 가르기하려고 합니다. ◯를 알맞게 색칠하고, ☐ 안에 알맞은 수를 써넣으세요.

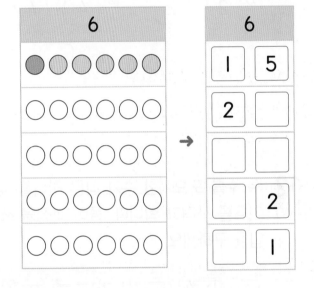

10 밤 8개를 봉지 2개에 나누어 담으려고 합니다. 빈 봉지에 밤의 수만큼 ◯를 그려 보세요.
창의형

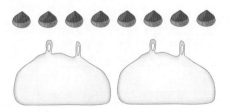

3. 덧셈과 뺄셈 **065**

유형 04 9까지의 수 모으기

예제 모으기를 바르게 한 것에 ◯표 하세요.

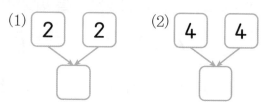

1　5
↓
6

6　3
↓
8

(　　　)　　　(　　　)

풀이
· 1과 5를 모으기 → ☐

· 6과 3을 모으기 → ☐

11 모으기를 해 보세요.

(1) 2　2
↓
☐

(2) 4　4
↓
☐

12 (서술형) 두 수를 모으기한 수가 다른 하나를 찾아 기호를 쓰려고 합니다. 풀이 과정을 쓰고, 답을 구하세요.

㉠ (5, 4)　㉡ (1, 8)　㉢ (6, 2)

(1단계) 두 수를 모으기한 수 구하기

_____

_____

(2단계) 두 수를 모으기한 수가 다른 하나를 찾아 기호 쓰기

_____

_____

답 _____

13 위와 아래의 두 수를 모으기하여 **7**이 되도록 빈칸에 알맞은 수를 써넣으세요.

1	2			7
		4	3	

14 (중요★) 수 카드에 수를 알맞게 써넣으세요.

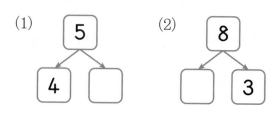

두 수를 모으기 하면 **5**야.

미나의 수 카드에 적힌 수가 더 작아.

미나　준호

☐　☐

유형 05 9까지의 수 가르기

예제 **6**을 잘못 가르기한 것의 기호를 쓰세요.

㉠ (1, 6)　㉡ (4, 2)

(　　　　　　)

풀이 6은 1과 ☐, 4와 ☐로 가르기할 수 있습니다. → 잘못 가르기한 것의 기호: ☐

15 가르기를 해 보세요.

(1) 5
↙　↘
4　☐

(2) 8
↙　↘
☐　3

16 4를 똑같은 두 수로 가르기해 보세요.

17 7을 두 가지 방법으로 가르기해 보세요.

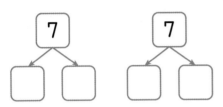

18 ●보다 ●이 더 큰 수가 되도록 가르기를 해 보세요.

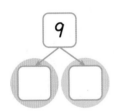

유형 06 모으기하여 몇이 되는 그림 찾기

예제 펼친 손가락의 수를 모으기하여 7이 되는 것에 ◯표 하세요.

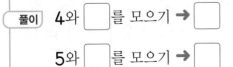

( ) ( )

풀이 4와 ☐를 모으기 ➡ ☐

5와 ☐를 모으기 ➡ ☐

---

19 모으기하여 공의 수가 9가 되도록 선으로 이어 보세요.

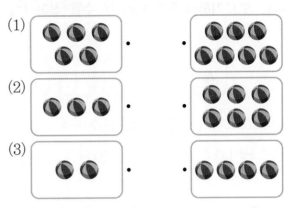

(1)

(2)

(3)

20 점의 수를 모으기하여 8이 되는 것을 모두 찾아 기호를 쓰세요.

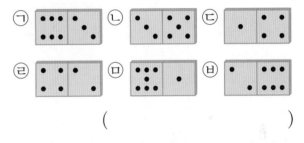

㉠ ㉡ ㉢ ㉣ ㉤ ㉥

( )

21 점의 수를 모으기하여 6이 되도록 점을 그려 보세요.

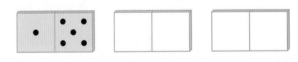

1과 1을 모으기하면~?

예제 모으기하여 5가 되는 두 수를 찾아 색칠해 보세요.

| 4 | 6 | 3 | 1 | 5 |

풀이 모으기하여 5가 되는 두 수

→ 1과 ☐, 2와 ☐, 3과 ☐, 4와 ☐

22 모으기하여 7이 되도록 선으로 이어 보세요.

(1) 1 ·   · 4

(2) 3 ·   · 6

(3) 5 ·   · 2

23 모으기하여 8이 되는 두 수를 찾아 쓰세요.
중요★

| 1 2 5 6 |

(   )

24 모으기하여 6이 되도록 두 수를 묶어 보세요.

1	6	3
5	2	4
3	3	5

25 수 카드 중에서 2장을 뽑아 두 수를 모으기했더니 7이 되었습니다. 뽑은 수 카드에 적힌 두 수는 무엇일까요?

☐ 와/과 ☐

예제 ㉠과 ㉡에 알맞은 수를 모으기하면 얼마일까요?

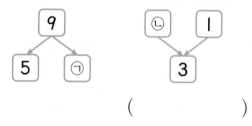

(   )

풀이 먼저 ㉠과 ㉡에 알맞은 수를 구합니다.

9를 5와 ㉠으로 가르기 → ㉠ = ☐

㉡과 1을 모으기하면 3 → ㉡ = ☐

→ ☐ 와 ☐ 를 모으기하면 ☐

26 빈칸에 알맞은 수가 다른 것을 찾아 기호를 쓰세요.

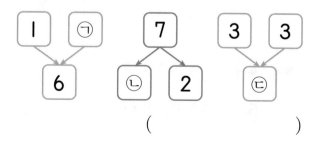

(   )

27 빈칸에 알맞은 수가 가장 작은 것을 찾아 기호를 쓰세요.

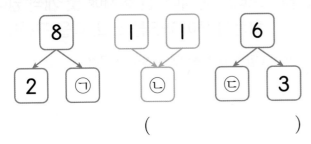

( )

28 (서술형) 5와 1을 모으기한 수와 4와 ㉠을 모으기한 수는 같습니다. ㉠에 알맞은 수는 얼마인지 풀이 과정을 쓰고, 답을 구하세요.

1단계 5와 1을 모으기한 수 구하기

2단계 ㉠에 알맞은 수 구하기

답

플러스 유형 09 연결된 수 모으기와 가르기

예제 가르기와 모으기를 하여 ㉠에 알맞은 수를 구하세요.

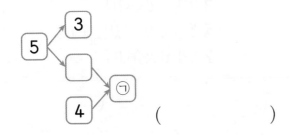

( )

풀이 5를 3과 □로 가르기하고,

□와 4를 모으기하면 ㉠=□입니다.

29 (중요★) 수를 가르기하여 빈칸에 알맞은 수를 써넣으세요.

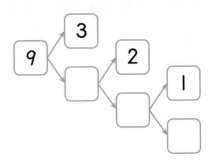

30 수를 모으기하여 빈칸에 알맞은 수를 써넣으세요.

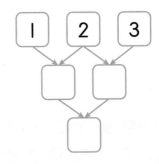

31 ● 안의 두 수를 모으기하여 그 사이에 있는 ▨ 안에 써넣었습니다. 빈 곳에 알맞은 수를 써넣으세요.

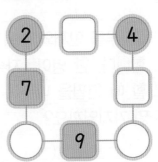

3. 덧셈과 뺄셈 **069**

+플러스
유형 10 **실생활 속 모으기와 가르기**

예제 사탕을 지아는 <u>3</u>개, 영호는 <u>5</u>개 가지고 있습니다. 두 사람이 가지고 있는 사탕은 몇 개일까요?

(   )

풀이 지아 ☐개 ┐
　　　　　　　 ├→ 모으기하면 ☐개
　　　영호 ☐개 ┘

32 유림이는 구슬 5개를 두 손에 나누어 가졌습니다. 오른손에 4개를 가졌다면 왼손에 가진 구슬은 몇 개일까요?

(   )

33 귤 7개를 해철이와 동생이 모두 나누어 먹었습니다. 해철이가 동생보다 1개 더 많이 먹었다면 해철이가 먹은 귤은 몇 개일까요?

(   )

34 연필 4자루를 민재와 수희가 나누어 가지려고 합니다. 한 명이 1자루씩은 꼭 가진다고 할 때 연필을 나누어 가지는 방법은 모두 몇 가지일까요?
(중요★)

(   )

35 인형 6개를 상자 2개에 똑같이 나누어 담으려고 합니다. 한 상자에 몇 개씩 담아야 하는지 풀이 과정을 쓰고, 답을 구하세요.
(서술형)

(1단계) 6을 똑같은 두 수로 가르기

_____

_____

(2단계) 한 상자에 몇 개씩 담아야 하는지 구하기

_____

_____

답 _____

유형 11 **그림에 알맞은 이야기 찾기**

예제 그림을 보고 이야기를 바르게 만든 것의 기호를 쓰세요.

┌─────────────────────────┐
│ ㉠ 풍선이 4개 있었는데 1개가 터져서 │
│ 　3개가 남았습니다. 　　　　　　 │
│ ㉡ 풍선이 3개 있었는데 1개가 터져서 │
│ 　2개가 남았습니다. 　　　　　　 │
└─────────────────────────┘

(   )

풀이 전체 풍선: ☐개, 터진 풍선: ☐개

→ 남은 풍선: ☐개

36 그림을 보고 이야기를 잘못 만든 것의 기호를 쓰세요.

> ㉠ 당근이 **2**개, 가지가 **3**개이므로 당근과 가지는 모두 **5**개입니다.
> ㉡ 가지는 당근보다 **2**개 더 많습니다.

(   )

유형 **12** **그림을 보고 이야기 만들기**

예제 그림을 보고 이야기를 만들려고 합니다. ☐ 안에 알맞은 수를 써넣으세요.

나비가 ☐ 마리, 벌이 ☐ 마리이므로 모두 ☐ 마리입니다.

풀이 나비: ☐ 마리, 벌: ☐ 마리

➡ 모으기하면 모두 ☐ 마리

---

37 그림을 보고 이야기를 만들려고 합니다. ☐ 안에 알맞은 수를 써넣으세요.

빨간색 색연필이 ☐ 자루, 파란색 색연필이 ☐ 자루이므로 빨간색 색연필이 ☐ 자루 더 많습니다.

[38~39] 그림을 보고 〈 보기 〉에 있는 말을 이용하여 이야기를 완성해 보세요.

〈 보기 〉
더 많습니다   더 적습니다
모으면   가르면   남았습니다

38

미끄럼틀에 있는 친구 **3**명과 그네에 있는 친구 **2**명을 _____

39

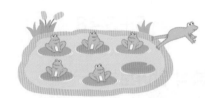

연못에 개구리가 **6**마리 있었는데 _____

40 그림을 보고 이야기를 만들어 보세요.

창의형

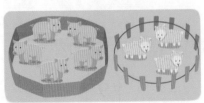

_____

④ 덧셈식 알아보기

쓰기 $3+2=5$

읽기 3 더하기 2는 5와 같습니다.
3과 2의 합은 5입니다.

⑤ 덧셈하기

$5+3$을 계산하기

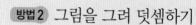

방법1 모으기로 덧셈하기

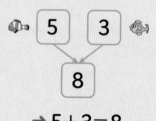

→ $5+3=8$

방법2 그림을 그려 덧셈하기

주황색 물고기의 수

초록색 물고기의 수

→ $5+3=8$

● **연결 모형을 이용하여 덧셈하기**

연결 모형 5개에 3개를 이어 세어 $5+3$을 계산할 수도 있습니다.

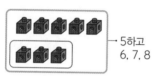
5하고 6, 7, 8

→ $5+3=8$

⑥ 뺄셈식 알아보기

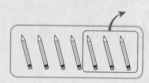

쓰기 $7-3=4$

읽기 7 빼기 3은 4와 같습니다.
7과 3의 차는 4입니다.

⑦ 뺄셈하기

$9-4$를 계산하기

방법1 가르기로 뺄셈하기

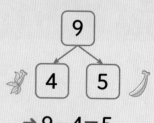

→ $9-4=5$

방법2 그림을 그려 뺄셈하기

남은 바나나의 수
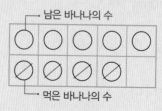
먹은 바나나의 수

→ $9-4=5$

● **연결 모형을 이용하여 뺄셈하기**

연결 모형 9개에서 4개를 빼고 남은 연결 모형을 세어 $9-4$를 계산할 수도 있습니다.

5개 남음.

→ $9-4=5$

[01~02] 그림을 보고 알맞은 덧셈식에 ◯표 하세요.

01

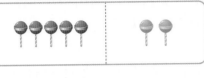

$5+2=7$ (　　　)

$7+2=9$ (　　　)

02

$1+4=5$ (　　　)

$3+1=4$ (　　　)

[03~04] 그림을 보고 ◯를 이어서 그리고, 덧셈을 해 보세요.

03

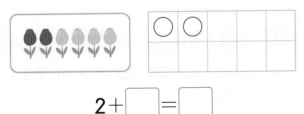

$2+\boxed{}=\boxed{}$

04

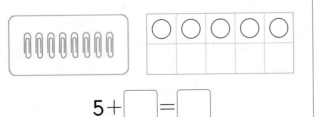

$5+\boxed{}=\boxed{}$

[05~06] 그림을 보고 알맞은 뺄셈식에 ◯표 하세요.

05

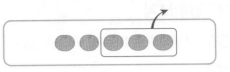

$4-3=1$ (　　　)

$5-3=2$ (　　　)

06

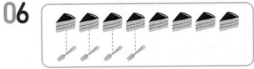

$8-4=4$ (　　　)

$9-4=5$ (　　　)

[07~08] 그림을 보고 ◯를 /으로 지우고, 뺄셈을 해 보세요.

07

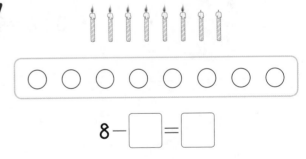

$8-\boxed{}=\boxed{}$

08

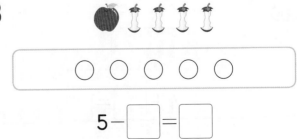

$5-\boxed{}=\boxed{}$

유형 **다잡기**

유형 **13** **덧셈 알아보기**

예제 다음을 덧셈식으로 바르게 나타낸 것에 ◯표 하세요.

> 4 더하기 2는 6과 같습니다.

$2+6=4$ (   )

$4+2=6$ (   )

풀이 '더하기'는 '$+$'로, '같습니다'는 '$=$'로 나타냅니다.

<u>4</u> <u>더하기</u> <u>2</u>는 <u>6</u>과 같습니다.

4 □ 2 □ 6

---

01 알맞은 것끼리 이어 보세요.

(1)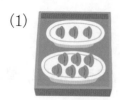

· · $1+2=3$

(2)

· · $3+6=9$

---

02 그림을 보고 덧셈식을 쓰세요.
중요★

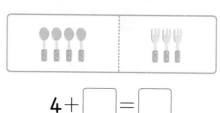

$4+$□$=$□

---

03 나타내는 덧셈식이 나머지와 다른 하나를 찾아 기호를 쓰세요.

> ㉠ 1 더하기 4는 5와 같습니다.
> ㉡ 1과 5의 합은 6입니다.
> ㉢ $1+4=5$

(   )

---

04 그림에 알맞은 덧셈식을 2개 쓰세요.
창의형

□$+$□$=$□

□$+$□$=$□

유형 **14** **덧셈하기**

예제 그림을 보고 모으기를 이용하여 덧셈을 해 보세요.

$5+3=$□

풀이 5와 3을 모으기하면 □이 됩니다.

→ $5+3=$□

---

05 ◯를 그려 덧셈을 해 보세요.

$2+4=$ ⬜

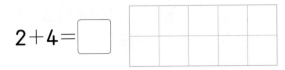

06 모으기를 이용하여 덧셈을 해 보세요.

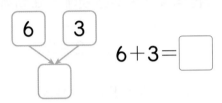

$6+3=$ ⬜

07 빈칸에 알맞은 수를 써넣으세요.

(1)

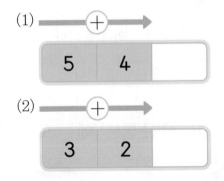

(2)

08 ⬛ 모양과 ⬛ 모양은 모두 몇 개인지 덧셈식을 쓰세요.

중요★

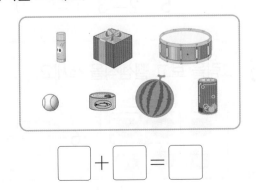

⬜ $+$ ⬜ $=$ ⬜

유형
15 **그림을 보고 덧셈하여 규칙 찾기**

예제 그림을 보고 ⬜ 안에 알맞은 수를 써넣으세요.

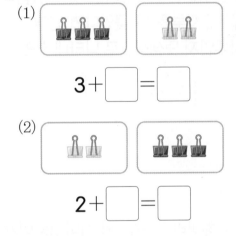

$6+1=$ ⬜

$1+6=$ ⬜

풀이 두 수를 바꾸어 더해도 합은 같습니다.

$6+1=$ ⬜

$1+6=$ ⬜

09 그림을 보고 ⬜ 안에 알맞은 수를 써넣으세요.

(1)

$3+$ ⬜ $=$ ⬜

(2)

$2+$ ⬜ $=$ ⬜

10 그림을 보고 덧셈식의 ⬜ 안에 알맞은 수를 써넣으세요.

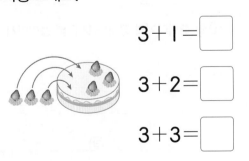

$3+1=$ ⬜

$3+2=$ ⬜

$3+3=$ ⬜

+플러스
유형 16 **실생활 속 덧셈하기**

예제 바구니에 사과가 <u>4개</u>, 귤이 <u>3개</u> 있습니다. 사과와 귤은 모두 몇 개인지 덧셈식으로 나타내세요.

$$\boxed{}+\boxed{}=\boxed{}$$

풀이 (사과 수) + (귤 수) = (사과와 귤의 수)

$$\boxed{} + \boxed{} = \boxed{}$$

11 연필꽂이에 연필이 **6**자루 꽂혀 있습니다. 재호가 **3**자루를 더 꽂았다면 연필은 모두 몇 자루인지 덧셈식으로 나타내세요.

$$\boxed{}+\boxed{}=\boxed{}$$

12 서술형 화단에 해바라기 l송이와 장미 3송이가 피었습니다. 해바라기와 장미는 모두 몇 송이인지 풀이 과정을 쓰고, 답을 구하세요.

1단계 해바라기와 장미는 모두 몇 송이인지 덧셈식으로 나타내기

_____

_____

2단계 해바라기와 장미는 모두 몇 송이인지 구하기

_____

_____

답 _____

13 중요★ 버스에 **7**명이 타고 있었습니다. 잠시 후 **2**명이 더 탔다면 버스에 타고 있는 사람은 모두 몇 명일까요?

( )

유형 17 **뺄셈 알아보기**

예제 뺄셈식을 <u>잘못</u> 읽은 것에 ×표 하세요.

$$\boxed{7-2=5}$$

7 빼기 2는 5와 같습니다. ( )

7과 5의 차는 2입니다. ( )

풀이 '빼기'는 '一'로, '같습니다'는 '='로 나타냅니다.

$7-2=5$

→ 7 빼기 $\boxed{}$는 $\boxed{}$와 같습니다.

→ 7과 $\boxed{}$의 차는 $\boxed{}$입니다.

14 그림을 보고 알맞은 뺄셈식에 ○표 하세요.

$5-l=4$ ( )

$5-2=3$ ( )

15 그림을 보고 뺄셈식을 쓰세요.

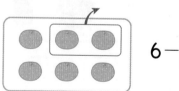

$$6-\boxed{}=\boxed{}$$

16 그림을 보고 뺄셈식을 쓰고, 읽어 보세요.

쓰기 $9-4=\boxed{}$

읽기 9와 4의 차는 $\boxed{}$ 입니다.

17 그림을 보고 뺄셈식을 2개 쓰세요.

$\boxed{}-\boxed{}=\boxed{}$

$\boxed{}-\boxed{}=\boxed{}$

18 뺄셈하기

예제 그림을 보고 가르기를 이용하여 뺄셈을 해 보세요.

$6-1=\boxed{}$

풀이 6은 1과 $\boxed{}$ 로 가르기할 수 있습니다.

➡ $6-1=\boxed{}$

[18~19] 여러 가지 방법으로 뺄셈을 해 보세요.

18 ●와 ●를 하나씩 연결하고, 뺄셈을 해 보세요.

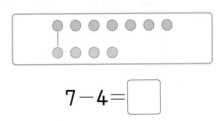

$7-4=\boxed{}$

19 가르기를 이용하여 뺄셈을 해 보세요.

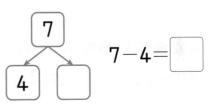

$7-4=\boxed{}$

20 우산을 쓰지 않은 학생 수를 구하는 뺄셈식을 쓰세요.

$5-\boxed{}=\boxed{}$

21 빈칸에 알맞은 수를 써넣으세요.

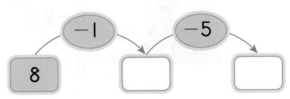

22 수 카드 중에서 가장 큰 수와 가장 작은 수의 차를 구하세요.

$$\boxed{}-\boxed{}=\boxed{}$$

유형 19 그림을 보고 뺄셈하여 규칙 찾기

예제 그림을 보고 ☐ 안에 알맞은 수를 써넣으세요.

$$6-1=\boxed{}$$
$$6-2=\boxed{}$$
$$6-3=\boxed{}$$

풀이 빼는 수가 1씩 커지면 차는 1씩 작아집니다.

$$6-1=\boxed{}$$
$$6-2=\boxed{} \quad -1$$
$$6-3=\boxed{} \quad -1$$

23 그림을 보고 ☐ 안에 알맞은 수를 써넣으세요.

$$8-1=\boxed{}$$
$$8-2=\boxed{}$$
$$8-3=\boxed{}$$

---

24 ☐ 안에 알맞은 수를 써넣으세요.

❤🩶🩶🩶🩶 → $5-4=\boxed{}$

❤🩶🩶🩶 → $4-3=\boxed{}$

❤🩶🩶 → $3-2=\boxed{}$

모두 차가 ☐인 뺄셈식입니다.

유형 ⁺플러스 20 실생활 속 뺄셈하기

예제 빵이 **3개** 있습니다. 주아가 **2개**를 먹었다면 남은 빵은 몇 개인지 뺄셈식으로 나타내세요.

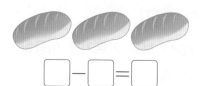

$$\boxed{}-\boxed{}=\boxed{}$$

풀이 (전체 빵 수)－(먹은 빵 수)＝(남은 빵 수)

$$\boxed{} \quad - \quad \boxed{} \quad = \quad \boxed{}$$

---

25 중요★ 마당에 의자가 **9개** 있습니다. 탁자는 의자보다 **2개** 더 적게 있습니다. 마당에 탁자는 몇 개 있는지 뺄셈식으로 나타내세요.

$$\boxed{}-\boxed{}=\boxed{}$$

26 유진이는 동화책을 7권 가지고 있습니다. 그중 5권을 동생에게 주었다면 유진이에게 남아 있는 동화책은 몇 권인지 뺄셈식으로 나타내세요.

$$\boxed{}-\boxed{}=\boxed{}$$

27 (서술형) 체육관에 축구공이 8개, 농구공이 5개 있습니다. 축구공은 농구공보다 몇 개 더 많은지 풀이 과정을 쓰고, 답을 구하세요.

(1단계) 축구공은 농구공보다 몇 개 더 많은지 뺄셈식으로 나타내기

_____

_____

(2단계) 축구공은 농구공보다 몇 개 더 많은지 구하기

_____

_____

답 _____

28 희선이는 딱지를 6장 가지고 있고 준우는 딱지를 7장 가지고 있습니다. 희선이와 준우 중 누가 딱지를 몇 장 더 많이 가지고 있을까요?

(   ), (   )

+플러스
유형 21 □ 안에 알맞은 수 구하기

(예제) 장난감 비행기는 모두 5개입니다. 상자 안에 들어 있는 장난감 비행기의 수를 □ 안에 알맞게 써넣으세요.

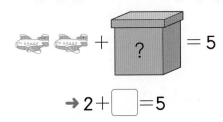

$$\rightarrow 2+\boxed{}=5$$

(풀이) (상자 안에 들어 있는 장난감 비행기의 수)
= (2와 모으기하면 5가 되는 수)

$\rightarrow$ 2와 $\boxed{}$ 을 모으기하면 5

$\rightarrow$ 2+$\boxed{}$=5

29 딸기가 8개 있었습니다. 지윤이가 몇 개를 먹었더니 1개가 남았습니다. 지윤이가 먹은 딸기의 수를 □ 안에 알맞게 써넣으세요.

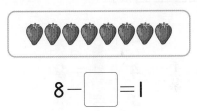

$$8-\boxed{}=1$$

30 (창의형) 먹고 싶은 복숭아의 수를 생각하며 1부터 5까지의 수 중에서 □ 안에 알맞은 수를 써넣으세요.

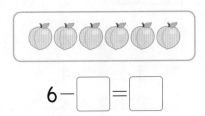

$$6-\boxed{}=\boxed{}$$

⑧ 0이 있는 덧셈과 뺄셈

(어떤 수) + 0

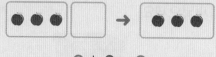

$$3 + 0 = 3$$

0 + (어떤 수)

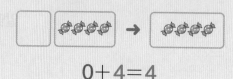

$$0 + 4 = 4$$

● 0은 아무것도 없는 수이므로 어떤 수에 0을 더하거나 어떤 수에서 0을 빼도 그대로 어떤 수입니다.

(어떤 수) − 0

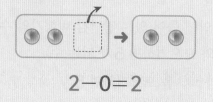

$$2 - 0 = 2$$

(어떤 수) − (어떤 수)

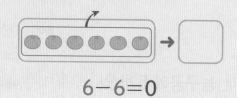

$$6 - 6 = 0$$

● 어떤 수에서 어떤 수를 빼면 아무것도 남지 않으므로 0입니다.

⑨ 덧셈식과 뺄셈식에서 규칙 찾기

덧셈식의 규칙

$$4 + 3 = 7$$
$$4 + 4 = 8$$
$$4 + 5 = 9$$

더하는 수가 1씩 커지면 합도 1씩 커집니다.

뺄셈식의 규칙

$$5 - 1 = 4$$
$$5 - 2 = 3$$
$$5 - 3 = 2$$

빼는 수가 1씩 커지면 차는 1씩 작아집니다.

● 더하는 수가 1씩 작아지면 합도 1씩 작아집니다.

● 빼는 수가 1씩 작아지면 차는 1씩 커집니다.

⑩ 합이 같은 덧셈식 / 차가 같은 뺄셈식

합이 4인 덧셈식

$$0 + 4 = 4$$
$$1 + 3 = 4$$
$$2 + 2 = 4$$

차가 5인 뺄셈식

$$7 - 2 = 5$$
$$8 - 3 = 5$$
$$9 - 4 = 5$$

● 합이 같은 덧셈식에서 더해지는 수가 1씩 커지면 더하는 수는 1씩 작아집니다.

● 차가 같은 뺄셈식에서 빼어지는 수가 1씩 커지면 빼는 수도 1씩 커집니다.

[01~02] 그림을 보고 덧셈을 해 보세요.

01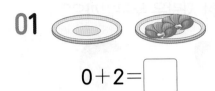

$$0+2=\boxed{}$$

02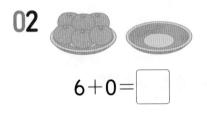

$$6+0=\boxed{}$$

[03~04] 그림을 보고 뺄셈을 해 보세요.

03

$$5-0=\boxed{}$$

04

$$8-8=\boxed{}$$

[05~06] 덧셈을 해 보세요.

05 $0+3=\boxed{}$

06 $7+0=\boxed{}$

[07~08] 뺄셈을 해 보세요.

07 $3-0=\boxed{}$

08 $5-5=\boxed{}$

[09~10] 덧셈과 뺄셈을 해 보세요.

09 $4+1=\boxed{}$

$4+2=\boxed{}$

$4+3=\boxed{}$

10 $8-4=\boxed{}$

$8-5=\boxed{}$

$8-6=\boxed{}$

유형 22 0이 있는 덧셈하기

예제 덧셈을 해 보세요.

$$0+7=\boxed{}$$

풀이 0에 어떤 수를 더하면 어떤 수입니다.

$$0+7=\boxed{}$$

01 그림을 보고 덧셈식을 쓰세요.

$$3+\boxed{}=\boxed{}$$

02 ☐ 안에 알맞은 수를 써넣으세요.

(1) $0+\boxed{}=5$

(2) $\boxed{}+0=9$

03 점의 수의 합이 6이 되는 것을 찾아 ◯표 하세요.

(   )   (   )

04 바르게 계산한 사람은 누구일까요?

현우   연서

$$0+7=7 \qquad 4+0=0$$

(   )

05 ☐ 안에 알맞은 수를 구하세요.

> 2와 ☐를 더하면 그대로 2가 됩니다.

(   )

유형 23 0이 있는 뺄셈하기

예제 뺄셈을 해 보세요.

$$5-0=\boxed{}$$

풀이 어떤 수에서 0을 빼면 어떤 수입니다.

$$5-0=\boxed{}$$

06 그림을 보고 뺄셈식을 쓰세요.

$$4-\boxed{}=\boxed{}$$

07 빈칸에 알맞은 수를 써넣으세요.

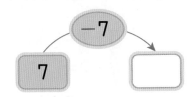

08 ☐ 안에 알맞은 수를 써넣으세요.

(1) ☐ $-0=8$

(2) $3-$ ☐ $=0$

09 계산 결과가 다른 하나를 찾아 기호를 쓰세요.

㉠ $5-5$ ㉡ $3-0$ ㉢ $2-2$

( )

10 ^{창의형} 다음 중 2장의 수 카드를 골라 차가 0이 되는 뺄셈식을 만들어 보세요.

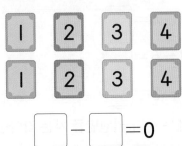

☐ $-$ ☐ $=0$

+플러스 유형 24 **실생활 속 0이 있는 덧셈과 뺄셈하기**

예제 바지를 입은 학생과 치마를 입은 학생은 모두 몇 명일까요?

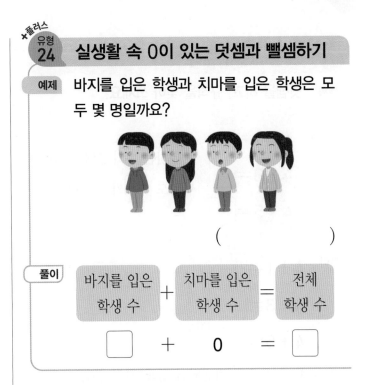

( )

풀이

바지를 입은 학생 수	+	치마를 입은 학생 수	=	전체 학생 수
☐	+	0	=	☐

11 ^{중요} 세호는 연필 3자루를 가지고 있었습니다. 동생에게 3자루를 주었다면 남은 연필은 몇 자루일까요?

( )

12 집에 강아지는 2마리 있고, 고양이는 없습니다. 집에 있는 강아지와 고양이는 모두 몇 마리일까요?

( )

13 우유가 8잔 있었습니다. 유진이가 한 잔도 마시지 않았다면 우유는 몇 잔 남았을까요?

( )

유형 25 **덧셈식에서 규칙 찾기**

예제 덧셈을 하고, 규칙을 찾아 쓰세요.

$4+1=$ ☐

$4+3=$ ☐

$4+5=$ ☐

더하는 수가 **2**씩 커지면 합도 ☐씩 커집니다.

풀이

$4+1=$ ☐

$4+3=$ ☐ $+$ ☐

$4+5=$ ☐ $+$ ☐

더하는 수가 커진만큼 합도 커집니다.

14 덧셈을 해 보세요.

(1) $2+2=$ ☐

$2+3=$ ☐

$2+4=$ ☐

(2) $3+2=$ ☐

$3+4=$ ☐

$3+6=$ ☐

15 덧셈을 하고, 알게 된 점을 쓰세요.

서술형

$3+5=$ ☐ , $5+3=$ ☐

알게 된 점

[16~17] 덧셈식을 보고 물음에 답하세요.

$5+1=$ ☐

$4+2=$ ☐

$3+3=$ ☐

16 ☐ 안에 공통으로 들어갈 수를 구하세요.

( )

17 ☐ 안에 알맞은 수를 써넣으세요.

중요★

■으로 칠해진 수가 ☐씩 작아지고 ■으로 칠해진 수가 ☐씩 커지면 합은 같습니다.

유형 26 **뺄셈식에서 규칙 찾기**

예제 뺄셈을 하고, 규칙을 찾아 쓰세요.

$9-4=$ ☐

$9-6=$ ☐

$9-8=$ ☐

빼는 수가 **2**씩 커지면 차는 ☐씩 작아집니다.

풀이

$9-4=$ ☐

$9-6=$ ☐ $-$ ☐

$9-8=$ ☐ $-$ ☐

빼는 수가 커진만큼 차는 작아집니다.

18 뺄셈을 해 보세요.

(1) $7-5=\boxed{}$　(2) $9-3=\boxed{}$

$7-4=\boxed{}$　　$9-5=\boxed{}$

$7-3=\boxed{}$　　$9-7=\boxed{}$

19 차가 가장 큰 식을 찾아 색칠해 보세요.

$5-3$	$5-4$	$5-5$

20 뺄셈을 하고, 알게 된 점을 쓰세요.

$8-7=\boxed{}$

$8-5=\boxed{}$

$8-3=\boxed{}$

알게 된 점

_____

21 차가 같은 뺄셈식을 만들어 보세요.

$8-4=\boxed{}$

$7-3=\boxed{}$

$6-\boxed{}=\boxed{}$

$5-\boxed{}=\boxed{}$

유형 27 ◯ 안에 ＋, － 써넣기

예제 ◯ 안에 ＋와 － 중 알맞은 것을 써넣으세요.

$$4 \bigcirc 2 = 6$$

풀이 ＋와 － 중 계산 결과가 6이 되는 것을 찾습니다.

$4+2=\boxed{}$,　$4-2=\boxed{}$

→ $4 \bigcirc 2 = 6$

22 ＋와 － 중 ◯ 안에 알맞은 것이 다른 하나에 ◯표 하세요.

$2 \bigcirc 2 = 4$	(　　　)

$7 \bigcirc 5 = 2$	(　　　)

$6 \bigcirc 1 = 5$	(　　　)

23 ◯ 안에 ＋를 써도 되고 －를 써도 되는 것의 기호를 쓰세요.

㉠ $8 \bigcirc 0 = 8$
㉡ $4 \bigcirc 4 = 0$

(　　　　　　　)

주어진 수로 덧셈식과 뺄셈식 만들기

예제 세 수를 모두 이용하여 만들 수 있는 덧셈식을 2개 쓰세요.

| 1, 5, 6 |

1+□=□

5+□=□

풀이 1, 5, 6 중 가장 큰 수인 □을/를 계산 결과에 씁니다.

→ 1+□=□, 5+□=□

24 세 수를 모두 이용하여 만들 수 있는 뺄셈식을 2개 쓰세요.

| 1, 3, 4 |

□−□=□

□−□=□

25 세 수를 모두 이용하여 만들 수 있는 덧셈식과 뺄셈식을 하나씩 쓰세요.

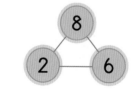

□+□=□

□−□=□

26 4장의 수 카드 중 3장을 뽑아 만들 수 있는 덧셈식과 뺄셈식을 하나씩 쓰세요.

| 3 | 5 | 1 | 8 |

□+□=□

□−□=□

계산 결과가 가장 큰(작은) 덧셈식과 뺄셈식 만들기

예제 합이 가장 크게 되도록 구슬에 적힌 수 중 두 수를 골랐습니다. 두 수의 합은 얼마일까요?

 4 2 3

( )

풀이 합이 가장 크려면 가장 큰 수와 둘째로 큰 수를 더해야 합니다.

→ 고른 두 수: □, □

→ 두 수의 합: □+□=□

27 차가 가장 크게 되도록 풍선에 적힌 수 중 두 수를 골랐습니다. 두 수의 차는 얼마일까요?

<중요>  8 1 5

( )

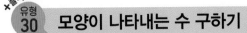

28 다음 중 점의 수의 합이 가장 작은 **2**개의 주사위를 골랐습니다. 점의 수의 합은 얼마인지 풀이 과정을 쓰고, 답을 구하세요.

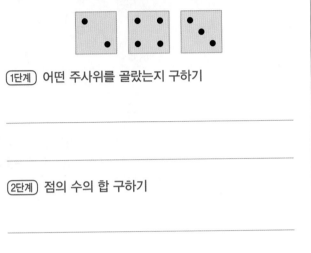

(1단계) 어떤 주사위를 골랐는지 구하기

_____

_____

(2단계) 점의 수의 합 구하기

_____

_____

답 _____

29 세 수를 골라 ☐ 안에 한 번씩만 써넣어 차가 가장 작은 뺄셈식을 만들려고 합니다. 물음에 답하세요.

(1) 뺄셈식을 만들 수 있는 세 수를 구하세요.

☐ , ☐ , ☐

(2) 차가 가장 작은 뺄셈식을 만들어 보세요.

☐ − ☐ = ☐

+플러스
유형 30 **모양이 나타내는 수 구하기**

예제 같은 모양은 같은 수를 나타냅니다. ▲에 알맞은 수를 구하세요.

$$2+1=●$$
$$●+4=▲$$

(   )

풀이 $2+1=\boxed{}$ ➡ $\boxed{}+4=\boxed{}$
      ●   ●   ▲

30 같은 모양은 같은 수를 나타냅니다. ■에 알맞은 수를 구하세요.

$$5-1=▲$$
$$▲+▲=■$$

(   )

31 같은 모양은 같은 수를 나타냅니다. ☐ 안에 알맞은 수를 구하세요.

$$★+♥=6$$
$$♥+★=\boxed{}$$

(   )

32 같은 모양은 같은 수를 나타냅니다. ●에 알맞은 수를 구하세요.

$$7-2=■$$
$$4+●=■$$

(   )

세 수 모으기

1 같은 줄에 있는 세 수를 모으기했을 때 **9**가 되도록 빈 곳에 알맞은 수를 써넣으세요.

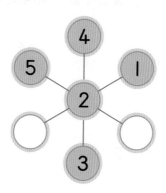

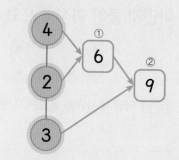

① 먼저 두 수를 모으기하기
② ①에서 구한 수와 나머지 한 수를 모으기하기

덧셈과 뺄셈의 활용 (서술형)

2 놀이터에 학생이 **6**명 있습니다. **2**명이 집으로 돌아간 후 다시 **3**명이 더 왔습니다. 지금 놀이터에 있는 학생은 모두 몇 명인지 풀이 과정을 쓰고, 답을 구하세요.

(풀이)

_____

_____

_____

(답) _____

똑같이 나누어 가졌을 때 한 사람이 가진 개수 구하기

3 동물 카드 **5**장과 식물 카드 **4**장이 있습니다. 전체 카드를 두 사람이 같은 수만큼 나누어 가졌더니 **1**장이 남았습니다. 한 사람이 가진 카드는 몇 장일까요?

( )

두 사람이 나누어 가진 카드 수는?

(동물 카드 수)+(식물 카드 수)
= (전체 카드 수)
→ (나누어 가진 카드 수)
= (전체 카드 수)−1

해결 tip

처음에 있던 개수 구하기

4 상자에 있던 과자를 유진이가 **3**개 먹고, 선우가 **2**개 먹었더니 **1**개가 남았습니다. 처음 상자에 있던 과자는 몇 개인지 풀이 과정을 쓰고, 답을 구하세요. 〔서술형〕

풀이

답 _____

만들 수 있는 뺄셈식의 개수 구하기

5 **0**부터 **9**까지의 수 중에서 세 수를 이용하여 차가 **6**인 뺄셈식을 만들려고 합니다. 만들 수 있는 뺄셈식은 모두 몇 개인지 구하세요.

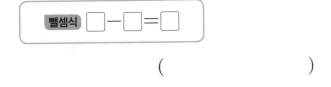

(   )

빈 곳에 들어갈 수 있는 수 모두 구하기

6 희재와 준서가 주사위를 **2**개씩 던졌습니다. 희재의 주사위 점의 수의 합이 준서의 주사위 점의 수의 합보다 클 때 준서의 주사위 빈 곳에 들어갈 수 있는 점의 수를 모두 구하세요.

희재   [주사위]   [주사위]   준서

(   )

주사위에 있는 점의 수는?

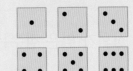

주사위에 있는 점의 수는 **1**부터 **6**까지입니다.

합과 차가 주어진 두 수 구하기

7 5장의 수 카드가 있습니다. 합이 **6**, 차가 **2**가 되는 두 수를 찾아보세요.

| 1 | 2 | 0 | 4 | 5 |

(1) 합이 **6**이 되는 두 수를 모두 찾으세요.

☐ , ☐   ☐ , ☐

(2) 합이 **6**이 되는 두 수의 차를 각각 구하세요.

☐ − ☐ = ☐   ☐ − ☐ = ☐

(3) 합이 **6**, 차가 **2**가 되는 두 수를 구하세요.

(   )

점수를 더 많이 얻은 사람 구하기

8 연준이와 정희가 과녁 맞히기 놀이를 했습니다. 점수를 더 많이 얻은 사람은 누구일까요?

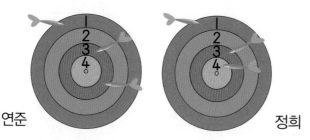

연준   정희

(1) 연준이가 얻은 점수는 몇 점일까요?

(   )

(2) 정희가 얻은 점수는 몇 점일까요?

(   )

(3) 점수를 더 많이 얻은 사람은 누구일까요?

(   )

해결 tip

1점, 2점, 3점을 맞혔을 때 얻은 점수는?

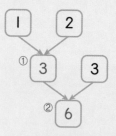

① 1과 2를 모으기하면 3
② 3과 3을 모으기하면 6
➜ 얻은 점수: 6점

01 그림을 보고 모으기를 해 보세요.

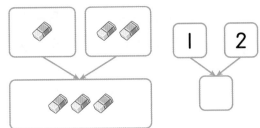

02 그림을 보고 뺄셈식을 쓰세요.

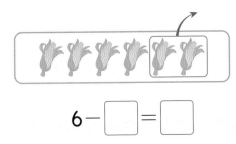

$$6-\boxed{}=\boxed{}$$

03 다음을 덧셈식으로 바르게 나타낸 것에
◯표 하세요.

> 3과 5의 합은 8입니다.

$3+5=8$ (　　　)

$3+4=7$ (　　　)

04 뺄셈을 해 보세요.

$$9-0=\boxed{}$$

05 모으기와 가르기를 해 보세요.

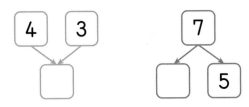

06 알맞은 것끼리 선으로 이어 보세요.

(1) 　　　・　　　・ $5-1=4$

(2) 　　　・　　　・ $5+1=6$

07 그림을 보고 이야기를 만들려고 합니다.
☐ 안에 알맞은 수를 써넣으세요.

공원에 강아지가 ☐마리, 고양이가

☐마리 있습니다. 강아지와 고양이

는 모두 ☐마리 있습니다.

08 빈칸에 알맞은 수를 써넣으세요.

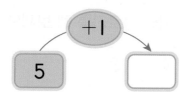

09 뺄셈을 하고, 규칙을 찾아 쓰세요.

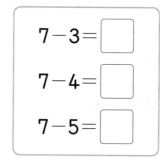

$7-3=\boxed{}$

$7-4=\boxed{}$

$7-5=\boxed{}$

빼는 수가 I씩 커지면 차는 $\boxed{}$씩 작아집니다.

10 계산 결과가 같은 것끼리 선으로 이어 보세요.

(1) 5+2 •   • 0+7

(2) 3+1 •   • 2+5

(3) 7+0 •   • I+3

11 계산 결과가 가장 큰 것을 찾아 기호를 쓰세요.

㉠ 4+3	㉡ 5-5
㉢ 0+6	㉣ 7-2

(   )

12 딸기가 9개 있었는데 그중에서 3개를 먹었습니다. 남은 딸기는 몇 개일까요?

(   )

13 6을 똑같은 두 수로 가르기해 보세요.

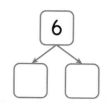

14 서진이는 구슬을 5개 가지고 있고 민주는 서진이보다 구슬을 I개 더 많이 가지고 있습니다. 민주가 가지고 있는 구슬은 몇 개인지 풀이 과정을 쓰고, 답을 구하세요.

(서술형)

풀이 _____

_____

_____

답 _____

15 ○ 안에 ＋와 － 중 알맞은 것을 써넣으세요.

$$4 \bigcirc 3 = 7$$

16 세 수를 이용하여 덧셈식과 뺄셈식을 만들어 보세요.

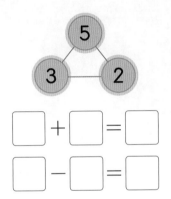

□ ＋ □ ＝ □

□ － □ ＝ □

17 ㉡에 알맞은 수를 구하세요.

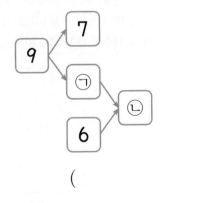

( )

18 두 수를 모으기한 수가 **7**이 <u>아닌</u> 것을 찾아 기호를 쓰려고 합니다. 풀이 과정을 쓰고, 답을 구하세요.

［서술형］

㉠ (3, 4)   ㉡ (3, 3)   ㉢ (6, 1)

풀이

답

19 **1**부터 **9**까지의 수 중에서 세 수를 이용하여 두 수의 차가 **8**인 뺄셈식을 만들어 보세요.

( )

20 같은 모양은 같은 수를 나타냅니다. ■에 알맞은 수는 얼마인지 풀이 과정을 쓰고, 답을 구하세요.

［서술형］

1＋2＝★, ★＋★＝■

풀이

답

4

비교하기

학습을 끝낸 후
색칠하세요.

개념
확인하기

유형
다잡기
유형 01~12

★ 중요 유형

02 여러 개의 길이 비교하기
08 끝을 맞추지 않은 길이 비교하기
10 여러 개의 무게 비교하기
12 개수를 세어 무게 비교하기

이전에 배운 내용

[누리과정]
생활 속 길이, 크기, 무게, 들이 비교

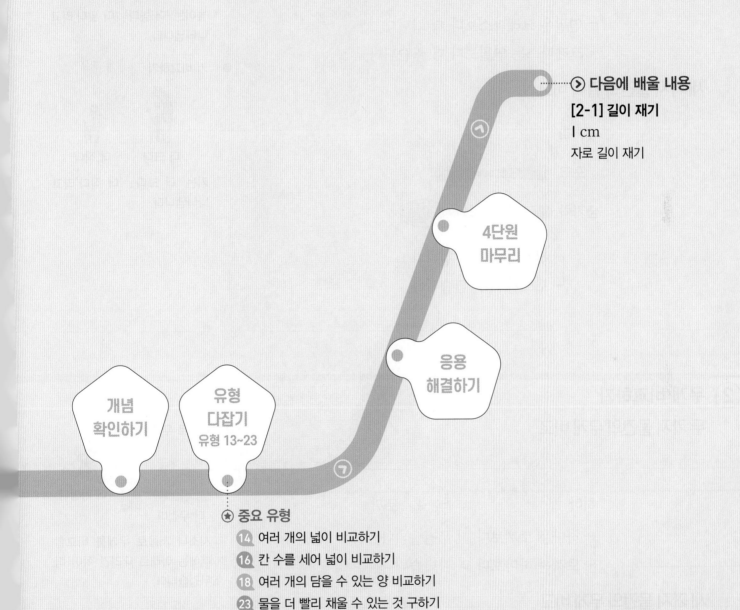

⊘ 다음에 배울 내용

[2-1] 길이 재기

Ⅰ cm

자로 길이 재기

**4단원
마무리**

**응용
해결하기**

**개념
확인하기**

**유형
다잡기**
유형 13~23

㉠

⊛ 중요 유형

14 여러 개의 넓이 비교하기

16 칸 수를 세어 넓이 비교하기

18 여러 개의 담을 수 있는 양 비교하기

23 물을 더 빨리 채울 수 있는 것 구하기

STEP 1 개념 확인하기

① 길이 비교하기

두 가지 물건의 길이 비교

연필

크레파스

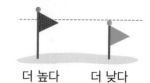
다른 쪽 끝이 더 많이 나간 것이 더 길어.

┌ 연필은 크레파스보다 더 깁니다.
└ 크레파스는 연필보다 더 짧습니다.

세 가지 물건의 길이 비교

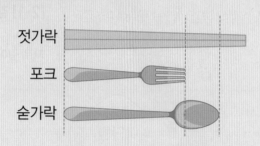

젓가락

포크

숟가락

┌ 젓가락이 가장 깁니다.
└ 포크가 가장 짧습니다.

높이 비교하기

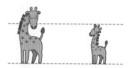

더 높다   더 낮다

높이는 '더 높다', '더 낮다'라고 나타냅니다.

키 비교하기

더 크다   더 작다

키는 '더 크다', '더 작다'라고 나타냅니다.

② 무게 비교하기

두 가지 물건의 무게 비교

하마   토끼

┌ 하마는 토끼보다 더 무겁습니다.
└ 토끼는 하마보다 더 가볍습니다.

세 가지 물건의 무게 비교

귤   복숭아   멜론

┌ 멜론이 가장 무겁습니다.
└ 귤이 가장 가볍습니다.

시소로 무게 비교하기

더 가볍다

더 무겁다

시소나 저울로 무게를 비교할 때에는 아래로 내려간 쪽이 더 무겁습니다.

[01~02] 더 긴 것에 ◯표 하세요.

01 ( )

( )

02 ( )

( )

[03~04] 가장 짧은 것에 △표 하세요.

03 ( )

( )

( )

04 ( )

( )

( )

05 길이를 비교할 때 나타내는 말을 모두 찾아 ◯표 하세요.

| 더 길다 | 더 무겁다 |
| 더 가볍다 | 더 짧다 |

[06~07] 그림을 보고 알맞은 말에 ◯표 하세요.

06 계산기는 클립보다 더
(무겁습니다 , 가볍습니다).

07 클립은 계산기보다 더
(무겁습니다 , 가볍습니다).

[08~09] 더 무거운 것에 ◯표 하세요.

08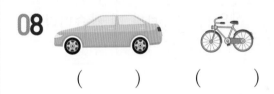

( ) ( )

09

( ) ( )

10 가장 가벼운 것에 △표 하세요.

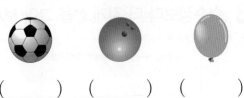

( ) ( ) ( )

STEP 2 유형 다잡기

유형 01 두 개의 길이 비교하기

예제 더 짧은 것을 찾아 쓰세요.

칫솔

치약

(   )

풀이 왼쪽 끝이 맞추어져 있으므로 오른쪽 끝이 더 적게 나온 것이 더 짧습니다.

더 짧은 것 → ☐

01 그림을 보고 ☐ 안에 알맞은 말을 쓰세요.

물감

붓

☐ 은 ☐ 보다 더 짧습니다.

02 연필의 길이를 비교하려고 합니다. 가장 바르게 비교한 것에 ◯표 하세요.

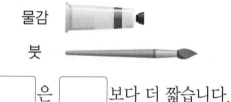

(   ) (   ) (   )

03 수수깡보다 더 길게 선을 그어 보세요.

[창의형]

수수깡 ━━━━━

04 선우네 모둠과 지혜네 모둠 학생들이 서로 손을 맞대고 팔을 최대한 뻗어 줄을 만들었습니다. 어느 모둠의 길이가 더 길까요?

선우네 모둠

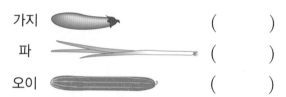

지혜네 모둠

(   )

유형 02 여러 개의 길이 비교하기

예제 가장 긴 것에 ◯표 하세요.

가지   (   )

파   (   )

오이   (   )

풀이 왼쪽 끝이 맞추어져 있으므로 오른쪽 끝이 가장 많이 나온 것을 찾습니다.

가장 긴 것 → ☐

05 관계있는 것끼리 이어 보세요.

(1) 가장 길다   (2) 가장 짧다

•   •

•   •   •

06 젓가락보다 더 짧은 것은 모두 몇 개일까요?

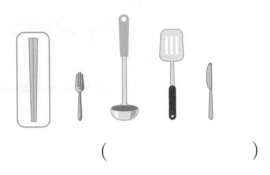

(   )

07 그림을 보고 설명이 <u>틀린</u> 것을 찾아 기호를 쓰려고 합니다. 풀이 과정을 쓰고, 답을 구하세요.
(서술형)

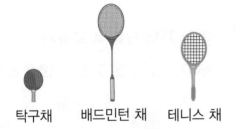

탁구채   배드민턴 채   테니스 채

㉠ 배드민턴 채가 가장 깁니다.
㉡ 테니스 채는 배드민턴 채보다 길고, 탁구채보다 짧습니다.
㉢ 탁구채가 가장 짧습니다.

(1단계) 그림을 보고 길이 비교하기

_____

_____

(2단계) 설명이 틀린 것을 찾아 기호 쓰기

_____

_____

답 _____

+플러스
유형 03 **구부러진 선의 길이 비교하기**

(예제) 길이가 더 긴 것의 기호를 쓰세요.

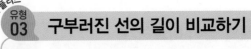

(   )

(풀이) 양쪽 끝이 맞추어져 있으므로 더 많이 구부러진 것이 더 깁니다.

길이가 더 긴 것 ➡ ☐

08 줄이 더 짧은 것에 △표 하세요.

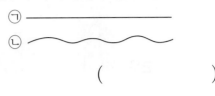

(   )
(   )

09 가장 짧은 줄넘기를 가지고 있는 친구의 이름을 쓰세요.
(중요★)

세호
정은
준서

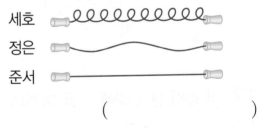

(   )

10 집에서 공원까지 가는 길입니다. 길이가 긴 길부터 차례로 기호를 쓰세요.

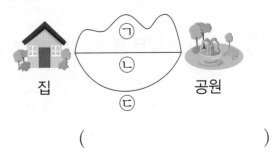

집   공원

(   )

4
단원

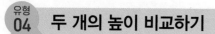
유형 04 **두 개의 높이 비교하기**

예제 블록을 더 높게 쌓은 친구의 이름을 쓰세요.

현우   세희

(   )

풀이 바닥에서부터 위쪽 끝이 더 올라온 것이 더 높습니다.

더 높게 쌓은 친구 ➡ ☐

11 아파트와 경찰서의 높이를 비교하여 ☐ 안에 알맞은 말을 써넣으세요.

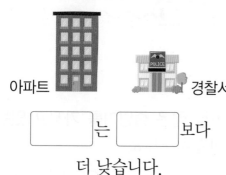
아파트   경찰서

☐ 는 ☐ 보다

더 낮습니다.

12 더 높이 쌓은 것에 ○표 하세요.

(   )   (   )

13 높이가 더 낮은 풍선에 색칠해 보세요.

14 사다리를 문 안으로 옮기려면 어떻게 해야 하는지 쓰세요.

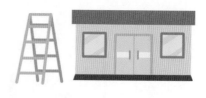

_____

_____

유형 05 **여러 개의 높이 비교하기**

예제 높이가 가장 낮은 깃발의 기호를 쓰세요.

㉠   ㉡   ㉢

(   )

풀이 아래쪽 끝이 맞추어져 있으므로 위쪽 끝이 가장 적게 올라온 것을 찾습니다.

가장 낮은 것 ➡ ☐

15 가장 높은 것에 ○표, 가장 낮은 것에 △표 하세요.

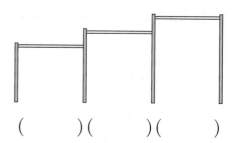

(   ) (   ) (   )

16 농구대보다 더 높은 것에 ◯표 하세요.

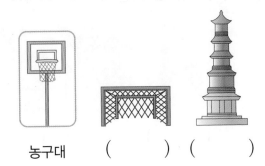

농구대　　（　　　）　（　　　）

17 낮은 층에 살고 있는 친구부터 차례로 이름을 쓰세요.

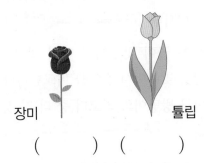

윤주

찬희

예찬

（　　　　　　　　　　　　　）

유형
06　**두 개의 키 비교하기**

예제　키가 더 작은 것에 △표 하세요.

장미　　　　　　튤립

（　　　）　（　　　）

풀이　아래쪽 끝이 맞추어져 있으므로 위쪽 끝이 더 적게 올라온 것이 키가 더 작습니다.

키가 더 작은 것 ➡ ▢

---

18 그림을 보고 알맞은 말에 ◯표 하세요.

독수리　　　　　　　참새

독수리는 참새보다 키가
더 (큽니다 , 작습니다).

19 키가 더 큰 것에 ◯표, 더 작은 것에 △표 하세요.

（　　　）　（　　　）

20 다음 문장에서 틀린 곳을 찾아 밑줄을 긋고, 바르게 고치세요.

> 기린은 펭귄보다 키가
> 더 높습니다.

바르게 고치기

_____

그건 키에서
빼야 하지
않아?

유형 07 여러 개의 키 비교하기

예제 키가 가장 작은 동물을 쓰세요.

원숭이   토끼   기린

(   )

풀이 아래쪽 끝이 맞추어져 있으므로 위쪽 끝이 가장 적게 올라온 것을 찾습니다.

키가 가장 작은 동물 → [   ]

21 중요★ 키가 가장 큰 나무에 ◯표 하세요.

(   ) (   ) (   )

22 서술형 〈보기〉의 말을 사용하여 새의 키를 비교하는 문장을 2개 쓰세요.

〈보기〉
가장 큽니다   가장 작습니다

타조   까치   비둘기

문장

_____

23 키가 가장 큰 공룡에 ◯표 하세요.

(   ) (   ) (   )

24 키가 둘째로 작은 것의 기호를 쓰세요.

(   )

+플러스 유형 08 끝을 맞추지 않은 길이 비교하기

예제 가장 긴 것에 ◯표 하세요.

야구 방망이   (   )

리코더   (   )

빗자루   (   )

풀이 한쪽 끝이 맞추어져 있지 않은 것은 한쪽 끝을 맞추어서 길이를 비교합니다.

야구 방망이와 리코더 중 더 긴 것

→ [   ]

야구 방망이와 빗자루 중 더 긴 것

→ [   ]

가장 긴 것 → [   ]

25 풀보다 더 짧은 것은 모두 몇 개일까요?

(   )

26 한 칸의 크기가 모두 같을 때, 길이가 긴 것부터 차례로 기호를 쓰세요.

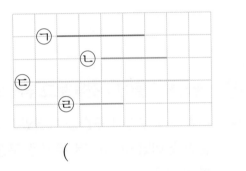

(   )

유형 09 두 개의 무게 비교하기

예제   더 무거운 것에 ◯표 하세요.

호박   양파

(◯ 호박)   (   )

풀이   손으로 들어 보았을 때 힘이 더 많이 드는 것이 더 무겁습니다.

더 무거운 것 ➡ [   ]

---

27 더 가벼운 사람에 △표 하세요.

(   )   (   )

28 상자 안에 들어 있는 물건을 찾아 이어 보세요.

(1)   (2)

29 운동화보다 더 무거운 물건을 찾아 □ 안에 써넣으세요.

주경   [   ] 은/는 운동화보다 더 무거워.

유형 10 여러 개의 무게 비교하기

예제 가장 가벼운 것은 어느 것일까요?

의자   필통   연필

(   )

풀이 손으로 들어 보았을 때 힘이 가장 적게 드는 것을 찾습니다.

가장 가벼운 것 → ☐

30 무게를 비교하여 ☐ 안에 알맞은 말을 써넣으세요.

탁구공   볼링공   농구공

농구공은 ☐ 보다 더 무겁고,

☐ 보다 더 가볍습니다.

31 무거운 것부터 차례로 1, 2, 3을 쓰세요.

중요★

(   )   (   )   (   )

32 탬버린보다 더 가벼운 것에 △표 하세요.

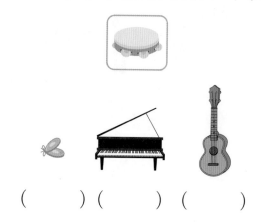

(   ) (   ) (   )

+플러스 유형 11 눌리거나 늘어난 것을 보고 무게 비교하기

예제 똑같은 고무줄에 구슬을 매달았더니 다음과 같이 늘어났습니다. 더 무거운 구슬의 기호를 쓰세요.

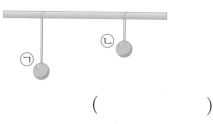

(   )

풀이 고무줄에 매단 물건이 더 무거울수록 고무줄이 더 많이 늘어납니다.

더 무거운 구슬 → ☐

33 접은 종이 위에 유리병과 요구르트병을 올려놓았습니다. 더 가벼운 것에 △표 하세요.

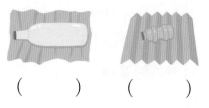

(   )   (   )

34 각각의 모래 위에 올려놓았던 물건을 이어 보세요.

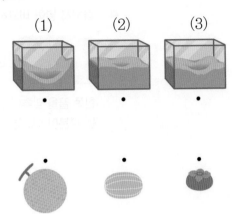

(1)　　　(2)　　　(3)

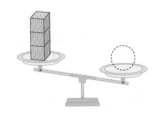

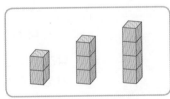

유형 12 개수를 세어 무게 비교하기

예제 ◯에 들어갈 수 있는 쌓기나무에 ◯표 하세요.

풀이 저울은 내려간 쪽이 더 무겁고, 올라간 쪽이 더 가볍습니다.

왼쪽이 올라갔으므로 ◯에 있는 쌓기나무는 □개보다 많아야 합니다.

◯에 들어갈 수 있는 쌓기나무 ➜ □개

35 똑같은 주머니에 무게가 같은 바둑돌을 각각 담았습니다. 가장 가벼운 주머니의 기호를 쓰세요.

(　　　)

36 지우개 l개의 무게는 서로 같습니다. 동화책과 만화책 중 더 가벼운 것은 어느 것일지 풀이 과정을 쓰고, 답을 구하세요.

1단계 동화책과 만화책은 각각 지우개 몇 개의 무게와 같은지 알아보기

_____

_____

2단계 동화책과 만화책 중 더 가벼운 것 구하기

_____

답 _____

37 똑같은 사탕 4개와 똑같은 초콜릿 3개의 무게가 같습니다. 사탕과 초콜릿 중에서 한 개의 무게가 더 무거운 것은 어느 것일까요?

(　　　)

③ 넓이 비교하기

두 가지 물건의 넓이 비교

달력

수첩

┌ 달력이 수첩보다 더 넓습니다.
└ 수첩이 달력보다 더 좁습니다.

세 가지 물건의 넓이 비교

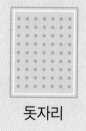

돗자리

메모지

거울

┌ 돗자리가 가장 넓습니다.
└ 메모지가 가장 좁습니다.

● 겹쳐서 넓이 비교하기

→ 남는 부분

한쪽 끝을 맞추어 겹쳐 볼 때 남는 부분이 있으면 더 넓습니다.

④ 담을 수 있는 양 비교하기

두 가지 그릇에 담을 수 있는 양 비교

어항

밥그릇

┌ 어항이 밥그릇보다 담을 수 있는 양이 더 많습니다.
└ 밥그릇이 어항보다 담을 수 있는 양이 더 적습니다.

세 가지 그릇에 담긴 물의 양 비교

가   나   다

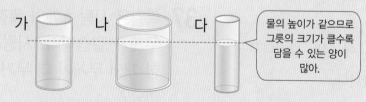

물의 높이가 같으므로 그릇의 크기가 클수록 담을 수 있는 양이 많아.

┌ 나 그릇에 담긴 물이 가장 많습니다.
└ 다 그릇에 담긴 물이 가장 적습니다.

● 모양과 크기가 같은 그릇에 담긴 물의 양 비교하기

더 적다   더 많다

담긴 물의 높이가 높을수록 담긴 양이 더 많습니다.

[01~02] 그림을 보고 알맞은 말에 ◯표 하세요.

01 스케치북은 수첩보다 더
(넓습니다 , 좁습니다).

02 수첩은 스케치북보다 더
(넓습니다 , 좁습니다).

[03~04] 더 넓은 것에 ◯표 하세요.

03

(   )   (   )

04

(   )   (   )

[05~06] 가장 좁은 것에 △표 하세요.

05

(   )   (   )   (   )

06

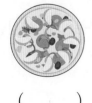

(   )   (   )   (   )

[07~08] 그림을 보고 알맞은 말에 ◯표 하세요.

07 컵은 물병보다 담을 수 있는 양이 더
(많습니다 , 적습니다).

08 물병은 컵보다 담을 수 있는 양이 더
(많습니다 , 적습니다).

[09~10] 담을 수 있는 양이 더 많은 것에 ◯표 하세요.

09

(   )   (   )

10

(   )   (   )

[11~12] 담긴 물의 양이 가장 적은 것에 △표 하세요.

11

(   )   (   )   (   )

12

(   )   (   )   (   )

유형 **13** 두 개의 넓이 비교하기

예제 더 좁은 것에 ◯표 하세요.

 신문   공책

(   )　(   )

풀이 겹쳤을 때 남는 부분이 없는 것이 더 좁습니다.

더 좁은 것 ➔ ◻

01 종이의 넓이를 겹쳐서 비교하려고 합니다. 가장 바르게 비교한 것을 찾아 ◯표 하세요.

(   )　(   )　(   )

02 관계있는 것끼리 이어 보세요.

(1) 더 넓다　　(2) 더 좁다

·　　　　　·

·　　　　　·

03 더 좁은 것에 색칠해 보세요.
중요★

04 ◻ 안에 알맞은 장소를 써넣으세요.
창의형

우리 학교 운동장보다 더 좁은 곳은 ◻ 입니다.

05 I부터 6까지 순서대로 잇고, 더 좁은 쪽에 △표 하세요.

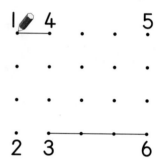

유형 **14** 여러 개의 넓이 비교하기

예제 가장 넓은 것의 기호를 쓰세요.

 ㉠　 ㉡　 ㉢

(   )

풀이 겹쳤을 때 가장 남는 부분이 많은 것을 찾습니다.

가장 넓은 것 ➔ ◻

06 좁은 것부터 차례로 1, 2, 3을 쓰세요.

(   )   (   )   (   )

07 ⬤ 모양 색종이를 그림과 같이 나누었습니다. 가장 넓은 조각을 가진 친구의 이름을 쓰세요.

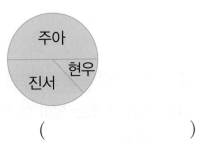

(   )

08 〔중요★〕 ▩보다 넓고 ■보다 좁은 ☐ 모양을 빈 곳에 그려 보세요.

09 가장 넓은 곳에 빨간색, 가장 좁은 곳에 파란색으로 색칠해 보세요.

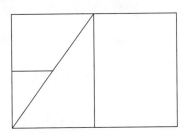

유형 15 **가릴 수 있는 것, 넣을 수 있는 것 찾기**

〔예제〕 색종이로 완전히 가릴 수 있는 것에 ◯표 하세요.

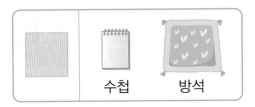

수첩   방석

〔풀이〕 색종이로 완전히 가릴 수 있는 물건은 색종이보다 더 좁은 물건입니다.

색종이보다 더 좁은 것 ➡ ☐

10 〔서술형〕 왼쪽 편지지를 자르거나 접지 않고 넣을 수 있는 봉투의 기호를 쓰려고 합니다. 풀이 과정을 쓰고, 답을 구하세요.

〔1단계〕 편지지를 자르거나 접지 않고 넣을 수 있는 봉투 알아보기

_____

_____

〔2단계〕 편지지를 넣을 수 있는 봉투의 기호 쓰기

_____

_____

답 _____

11 〔창의형〕 조각 케이크를 담을 수 있는 접시를 그려 보세요.

16 **칸 수를 세어 넓이 비교하기**

예제 한 칸의 크기가 같을 때 색칠한 부분이 더 넓은 것에 ◯표 하세요.

(   )   (   )

풀이 한 칸의 크기가 같을 때 칸 수가 많을수록 더 넓습니다.

색칠한 부분이 왼쪽은 ☐ 칸, 오른쪽은 ☐ 칸입니다.

색칠한 부분이 더 넓은 것 ➡ ☐ 칸

12 한 칸의 크기가 같을 때 더 좁은 것의 기호를 쓰세요.
중요★

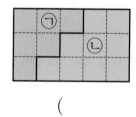

(   )

13 더 넓은 것의 기호를 쓰세요.

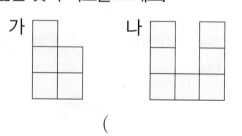

(   )

14 민혁이가 오른쪽과 같이 색칠했습니다. 한 칸의 크기가 같을 때 민혁이보다 더 넓게 색칠한 것의 기호를 쓰세요.

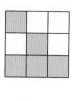

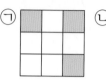 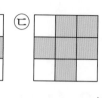

(   )

17 **두 개의 담을 수 있는 양 비교하기**

예제 담을 수 있는 양이 더 적은 것은 어느 것일까요?

항아리   양동이

(   )

풀이 그릇의 크기가 더 작은 것이 담을 수 있는 양이 더 적습니다.

담을 수 있는 양이 더 적은 것

➡ ☐

15 가와 나에 담을 수 있는 양을 비교하여 ☐ 안에 알맞은 기호를 써넣으세요.

가   나

☐ 는 ☐ 보다 담을 수 있는 양이

더 많습니다.

16 담을 수 있는 양이 더 적은 것에 △표 하세요.

(   )   (   )

17 유진이가 공원에 산책을 가려고 합니다. 어느 통에 물을 담아가는 것이 좋을지 ◯표 하세요.

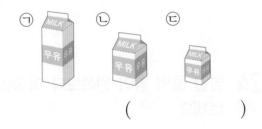

(   )   (   )

유형 18   **여러 개의 담을 수 있는 양 비교하기**

예제 담을 수 있는 양이 가장 많은 것의 기호를 쓰세요.

(   )

풀이 담을 수 있는 양이 가장 많은 것은 우유 팩이 가장 큰 것입니다.

담을 수 있는 양이 가장 많은 것 → [   ]

18 그림을 보고 ◻ 안에 알맞은 기호를 쓰세요.

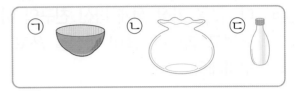

㉠에 담을 수 있는 양은 ◻에 담을 수 있는 양보다 많고, ◻에 담을 수 있는 양보다 적습니다.

19 담을 수 있는 양이 가장 많은 것에 ◯표, 가장 적은 것에 △표 하세요.

중요★

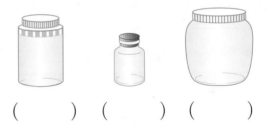

(   )   (   )   (   )

20 왼쪽 세숫대야보다 담을 수 있는 양이 더 적은 것에 △표 하세요.

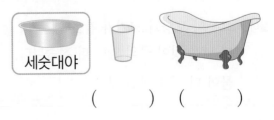

세숫대야

(   )   (   )

21 각자 컵에 물을 가득 담아 모두 마셨습니다. 물을 가장 적게 마신 친구의 이름을 쓰려고 합니다. 풀이 과정을 쓰고, 답을 구하세요.

서술형

유주   형철   희선

1단계 컵의 크기 비교하기

_____

_____

2단계 물을 가장 적게 마신 친구의 이름 쓰기

_____

답 _____

22 관계있는 것끼리 이어 보세요.

(1) 가장 많다 ·

(2) 가장 적다 ·

· ▯
· ▯
· ▯

23 경호는 주스가 더 많이 담긴 컵의 주스를 마시려고 합니다. 경호가 마시려고 하는 컵의 기호를 쓰세요.

중요★

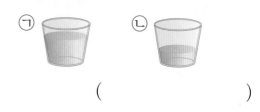

(   )

유형 **19** **똑같은 그릇에 담긴 물의 양 비교하기**

예제 물이 더 적게 담긴 것의 기호를 쓰세요.

(   )

풀이 그릇의 모양과 크기가 같을 때 물의 높이가 더 낮은 것이 물의 양이 더 적습니다.

물이 더 적게 담긴 것 ➡ ▢

24 담긴 물의 양이 왼쪽보다 더 적도록 그려 보세요.

창의형

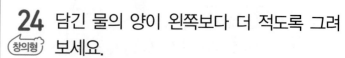

25 담긴 물의 양이 적은 것부터 순서대로 Ⅰ, 2, 3을 쓰세요.

(   ) (   ) (   )

유형 20 높이가 같게 담긴 물의 양 비교하기

예제 서준이와 은주는 다음과 같이 담겨 있는 우유를 모두 마셨습니다. 우유를 더 많이 마신 친구의 이름을 쓰세요.

서준   은주

(   )

풀이 우유의 높이가 같을 때 컵의 크기가 더 큰 것이 우유의 양이 더 많습니다.

우유를 더 많이 마신 친구 → [   ]

---

26 담긴 물의 양이 가장 적은 것에 △표 하세요.

(   ) (   ) (   )

---

27 담긴 주스의 양을 바르게 말한 친구의 이름을 쓰려고 합니다. 풀이 과정을 쓰고, 답을 구하세요.
서술형

가   나

> 민아: 가보다 나에 주스가 더 많이 담겨 있어.
> 도현: 주스의 높이가 같으니까 담긴 주스의 양이 같아.

[1단계] 담긴 주스의 양 비교하기

_____

_____

[2단계] 바르게 말한 친구의 이름 쓰기

_____

답 _____

---

28 담긴 물의 양이 많은 것부터 차례로 기호를 쓰세요.
중요

ㄱ   ㄴ   ㄷ

(   )

담긴 물의 양이 다르다고?

+플러스
유형 21 가득 채운 물을 옮겨 담기

예제 오른쪽 주전자에 가득 채운 물을 모두 옮겨 담을 수 있는 그릇의 기호를 쓰세요.

( )

풀이 물을 모두 옮겨 담으려면 주전자보다 큰 그릇을 찾아야 합니다.

물을 모두 옮겨 담을 수 있는 그릇 ➡ ▢

29 주스병에 물을 가득 채워 물병에 옮겨 담았더니 그림과 같이 흘러넘쳤습니다. 주스병과 물병 중 담을 수 있는 양이 더 많은 것은 어느 것일까요?

주스병

물병

( )

30 가 그릇에 가득 채운 물을 나 그릇에 모두 옮겨 담으면 어떻게 될지 설명해 보세요.
서술형

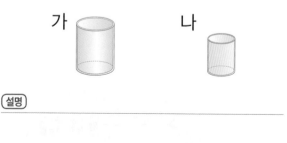

가   나

설명

31 ㉠과 ㉡에 물을 가득 채워 똑같은 그릇에 각각 옮겨 담았더니 그림과 같았습니다. ㉠과 ㉡ 중 담을 수 있는 양이 더 적은 것의 기호를 쓰세요.
중요★

( )

+플러스
유형 22 남은 것 비교하기(물의 양 / 넓이)

예제 희수와 윤호가 똑같은 컵에 가득 담긴 우유를 마시고 남은 것입니다. 우유를 더 많이 마신 친구의 이름을 쓰세요.

희수   윤호

( )

풀이 남은 양이 적을수록 더 많이 마신 것입니다.

우유를 더 많이 마신 친구 ➡ ▢

32 똑같은 물병에 가득 들어 있던 물을 각각 컵에 가득 부었습니다. 물병에 남은 물이 더 적은 것의 기호를 쓰세요.

( )

33 한 칸의 크기가 같을 때 색칠하고 남은 부분이 더 넓은 것의 기호를 쓰세요.

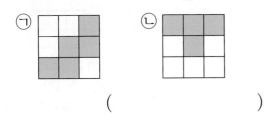

(   )

34 윤재와 서희가 똑같은 색종이를 각각 잘라서 사용하고 남은 것입니다. 사용한 색종이가 더 넓은 친구의 이름을 쓰세요.

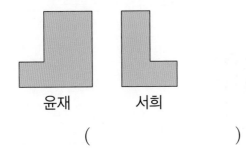

윤재   서희

(   )

+플러스
유형
23 **물을 더 빨리 채울 수 있는 것 구하기**

예제   똑같은 빠르기로 물을 채울 때 물을 더 빨리 가득 채울 수 있는 것의 기호를 쓰세요.

(   )

풀이   담을 수 있는 양이 더 적은 그릇에 물을 더 빨리 가득 채울 수 있습니다.

물을 더 빨리 가득 채울 수 있는 것 ➡ ☐

35 물통에 물을 가득 채우려고 합니다. 수도에서 나오는 물의 양이 같을 때 더 빨리 가득 채울 수 있는 친구의 이름을 쓰세요.

지유   명호

(   )

36 가와 나 그릇 중 한 가지만 사용하여 욕조에 물을 가득 채우려고 합니다. 똑같은 빠르기로 물을 채울 때 욕조에 물을 더 빨리 채울 수 있는 그릇의 기호를 쓰세요.

가   나

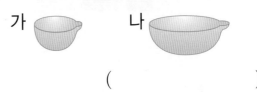

(   )

37 똑같은 컵에 물을 가득 담아 크기가 서로 다른 빈 병에 각각 물을 가득 채우려고 합니다. 컵으로 물을 붓는 횟수가 가장 많은 병의 기호를 쓰세요.

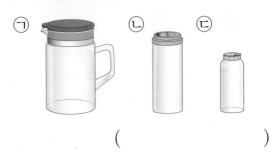

(   )

문제 강의

1 가장 짧은 길 찾기

윤아네 집에서 학교까지 가는 길은 **3**가지가 있습니다. 가장 짧은 길의 기호를 쓰세요.

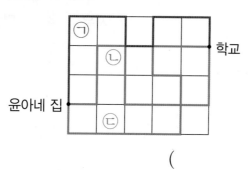

(   )

해결 tip

길이 지나는 칸 수는 몇 칸?

칸 수가 많을수록 더 깁니다.
① **6**칸   ② **4**칸
➡ ①이 ②보다 더 깁니다.

2 사용한 길이가 가장 긴 것 찾기

크기가 다른 상자를 끈으로 **4**바퀴씩 감았습니다. 사용한 끈이 긴 것부터 차례로 기호를 쓰세요.

가    나   다

( )

3 벽을 더 많이 덮을 수 있는 친구 찾기   서술형

선주와 희재가 각자 가지고 있는 **5**장의 색종이를 붙여 같은 크기의 벽을 덮으려고 합니다. 벽을 더 많이 덮을 수 있는 친구는 누구인지 풀이 과정을 쓰고, 답을 구하세요.

선주   희재

풀이

답

가장 넓은 곳 찾기

4 축구장, 놀이터, 공원 중 가장 넓은 곳은 어디인지 풀이 과정을 쓰고, 답을 구하세요. (서술형)

> • 축구장은 놀이터보다 더 넓습니다.
> • 공원은 축구장보다 더 넓습니다.

풀이

답

다른 그릇으로 부은 횟수가 같을 경우 담을 수 있는 양 비교하기

5 주전자에는 ㉠컵으로, 양동이에는 ㉡컵으로 물을 각각 가득 채워 **6**번씩 부었더니 주전자와 양동이가 가득 찼습니다. 주전자와 양동이 중 담을 수 있는 양이 더 많은 것은 어느 것일까요?

(   )

배 1개의 무게는 방울토마토 몇 개의 무게와 같은지 구하기

6 배, 참외, 방울토마토의 무게를 비교한 것입니다. 배 **1**개의 무게는 방울토마토 몇 개의 무게와 같을까요? (단, 같은 과일은 **1**개의 무게가 서로 같습니다.)

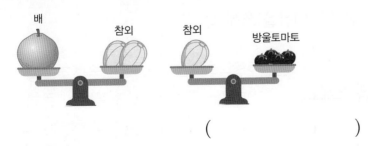

(   )

해결 tip

부은 횟수가 같을 경우 부은 물의 양은?

가   나

부은 컵의 크기가 클수록 부은 물의 양이 더 많습니다.

같은 무게를 그림으로 나타내면?

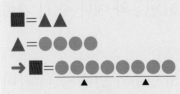

컵으로 퍼낸 횟수를 보고 담을 수 있는 양 비교하기

7 똑같은 컵으로 가, 나, 다 그릇에 있는 물을 모두 퍼냈습니다. 퍼낸 횟수가 다음과 같다면 물이 가장 적게 들어 있던 그릇은 어느 것일까요?

그릇	가	나	다
퍼낸 횟수	6번	4번	9번

(1) 알맞은 말에 ◯표 하세요.

> 담긴 물의 양이 적을수록 컵으로 퍼낸
> 횟수가 더 (많습니다 , 적습니다).

(2) 물이 가장 적게 들어 있던 그릇은 어느 것일까요?

(   )

가장 가벼운 친구 찾기

8 친구들 중 가장 가벼운 친구의 이름을 쓰세요.

예나   지은   현우   예나   현우   민주

(1) 예나와 지은이 중 더 가벼운 친구의 이름을 쓰세요.

(   )

(2) 현우와 예나 중 더 가벼운 친구의 이름을 쓰세요.

(   )

(3) 현우와 민주 중 더 가벼운 친구의 이름을 쓰세요.

(   )

(4) 가장 가벼운 친구의 이름을 쓰세요.

(   )

해결 tip

여러 개의 무게를 비교할 때는?

공통으로 들어 있는 것을 기준으로 비교합니다.

가 는 나 보다 더 무겁습니다.
다 는 가 보다 더 무겁습니다.

➡ 나 ⟶ 가 ⟶ 다
     더 무겁다   더 무겁다

01 더 긴 것에 ◯표 하세요.

( )

( )

02 더 가벼운 것에 △표 하세요.

( )　　　( )

03 더 좁은 것에 △표 하세요.

( )　　　( )

04 담을 수 있는 양이 더 많은 것에 ◯표 하세요.

( )　　　( )

05 나무와 빌딩의 높이를 비교하여 ☐ 안에 알맞은 말을 써넣으세요.

나무　　　　　빌딩

☐ 은/는 ☐ 보다 더 낮습니다.

06 더 넓은 것에 색칠해 보세요.

07 가장 낮은 것에 △표 하세요.

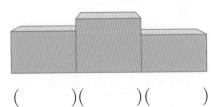

( )( )( )

08 가장 무거운 것에 ◯표 하세요.

( )　( )　( )

09 가장 넓은 것에 ◯표, 가장 좁은 것에 △표 하세요.

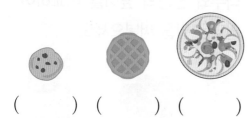

(   ) (   ) (   )

10 담긴 물의 양이 많은 것부터 차례로 1, 2, 3을 쓰세요.

(   ) (   ) (   )

11 더 긴 것의 기호를 쓰려고 합니다. 풀이 과정을 쓰고, 답을 구하세요.
서술형

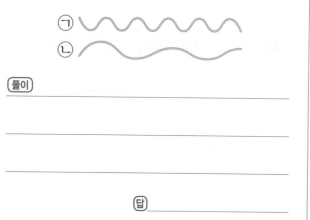

[풀이]

_____

_____

[답] _____

12 색연필보다 더 긴 것은 어느 것일까요?

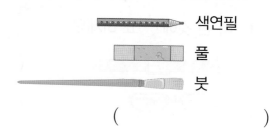
색연필
풀
붓

(   )

13 보다 넓고 ◯보다 좁은 ◯ 모양을 빈 곳에 그려 보세요.

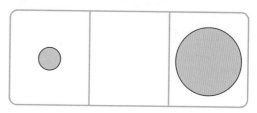

14 한 칸의 크기가 같을 때 오른쪽 모양보다 더 넓은 것의 기호를 쓰려고 합니다. 풀이 과정을 쓰고, 답을 구하세요.
서술형

ㄱ   ㄴ   ㄷ

[풀이]

_____

_____

[답] _____

15 가 그릇에 물을 가득 담아 비어 있는 나 그릇에 모두 부었더니 그림과 같았습니다. 담을 수 있는 양이 더 적은 그릇의 기호를 쓰세요.

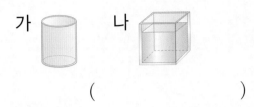

가   나

(   )

16 똑같은 고무줄에 상자를 매달았더니 다음과 같이 늘어났습니다. 가벼운 상자부터 차례로 기호를 쓰세요.

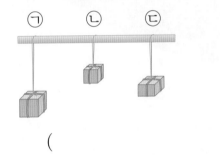

㉠   ㉡   ㉢

(   )

17 물과 우유 중에서 담긴 양이 더 적은 것은 무엇인지 풀이 과정을 쓰고, 답을 구하세요.

물   우유

풀이 _____

_____

_____

답 _____

18 토끼, 강아지, 고양이 중 가장 무거운 동물을 쓰세요.

고양이   강아지   고양이   토끼

(   )

19 연희와 성우가 똑같은 컵에 가득 담긴 주스를 마시고 남은 것입니다. 주스를 더 많이 마신 친구의 이름을 쓰세요.

연희   성우

(   )

20 그림을 보고 설명이 틀린 것을 찾아 기호를 쓰세요.

사자   기린   사슴

㉠ 기린의 키가 가장 큽니다.
㉡ 사슴은 기린보다 키가 크고 사자보다 키가 작습니다.
㉢ 사자의 키가 가장 작습니다.

(   )

5

50까지의 수

학습을 끝낸 후
색칠하세요.

개념
확인하기

유형
다잡기
유형 01~09

개념
확인하기

유형
다잡기
유형 10~18

★ 중요 유형

01 10 알아보기

04 십몇 알아보기

08 십몇 모으기와 가르기

09 실생활 속 십몇 모으기와 가르기

★ 중요 유형

11 몇십 알아보기

13 몇십 활용하기

15 몇십몇 알아보기

18 낱개가 ■▲개인 수 알아보기

⊙ 이전에 배운 내용

[1-1] 9까지의 수
9까지의 수 읽고 쓰기

[1-1] 덧셈과 뺄셈
9까지의 수 모으기와 가르기

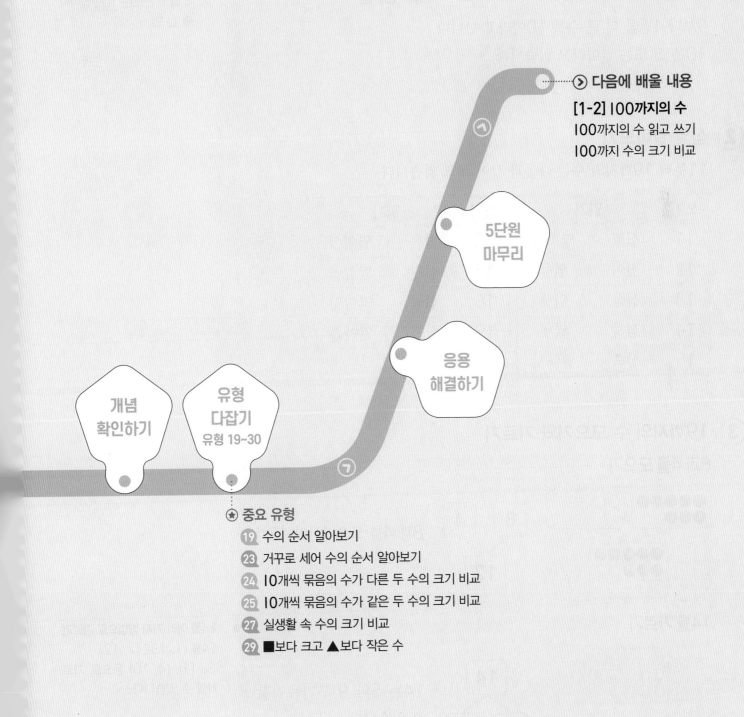

▷ **다음에 배울 내용**

[1-2] 100까지의 수
100까지의 수 읽고 쓰기
100까지 수의 크기 비교

**5단원
마무리**

**응용
해결하기**

**개념
확인하기**

**유형
다잡기**
유형 19~30

① 10 알아보기

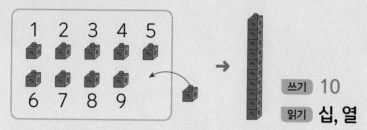

9보다 1만큼 더 큰 수를 10이라고 합니다.
10은 십 또는 열이라고 읽습니다.

● **10 읽기**
상황에 따라 10을 읽는 방법이 다릅니다.
① 사과는 <u>10</u>개입니다.
　➡ 열 개
② 내 출석 번호는 <u>10</u>번입니다.
　➡ 십 번

② 십몇 알아보기

11부터 19까지의 수는 다음과 같이 쓰고 읽습니다.

쓰기	읽기		쓰기	읽기	
11	십일	열하나	16	십육	열여섯
12	십이	열둘	17	십칠	열일곱
13	십삼	열셋	18	십팔	열여덟
14	십사	열넷	19	십구	열아홉
15	십오	열다섯			

③ 19까지의 수 모으기와 가르기

8과 4를 모으기

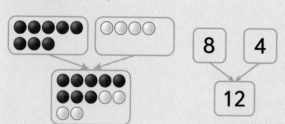

8과 4를 모으기하면 12가 됩니다.

14를 가르기

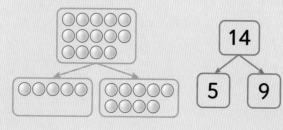

14는 5와 9로 가르기할 수 있습니다.

● **14를 여러 가지 방법으로 가르기**
14를 (1, 13), (2, 12), (3, 11), (4, 10) 등으로 가르기할 수 있습니다.

[01~03] 그림을 보고 □ 안에 알맞은 수를 써넣으세요.

01

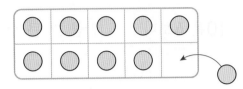

9보다 I만큼 더 큰 수는

□ 입니다.

02

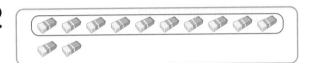

10개씩 묶음 I개와 낱개 2개는

□ 입니다.

03

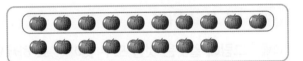

10개씩 묶음 I개와 낱개 8개는

□ 입니다.

[04~06] 수를 세어 바르게 읽은 것에 ○표 하세요.

04

(열일 , 십일)

05

(십오 , 열오)

06

(십구 , 십아홉)

[07~08] 그림을 보고 모으기를 해 보세요.

07

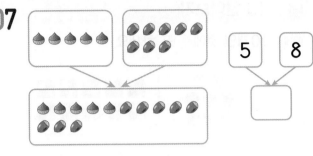

08

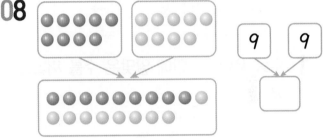

[09~10] 그림을 보고 가르기를 해 보세요.

09

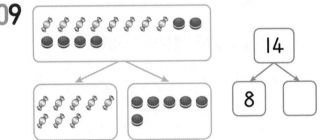

10

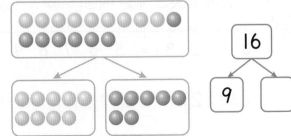

STEP 2 유형 다잡기

유형 01 10 알아보기

예제 10개인 것에 ○표 하세요.

 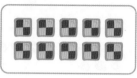

(   )   (   )

풀이 마지막으로 센 수가 개수가 됩니다.

머핀의 수: 하나, 둘, ..., 여덟 ➡ ☐

과자의 수: 하나, 둘, ..., 열 ➡ ☐

01 수를 세어 ☐ 안에 알맞은 수를 써넣으세요.

☐

02 10이 되도록 색칠해 보세요.

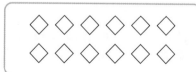

03 ☐ 안에 알맞은 수를 써넣으세요.
（중요★）

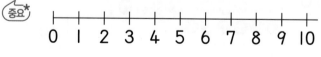

8보다 2만큼 더 큰 수는 ☐ 입니다.

04 ☐ 안에 알맞은 수를 써넣으세요.

10은 4보다 ☐ 만큼 더 큰 수입니다.

05 사과가 9개보다 1개 더 많습니다. 사과는 모두 몇 개일까요?

(   )

유형 02 10 쓰고 읽기

예제 그림에 알맞은 것을 모두 찾아 ○표 하세요.

(구 , 10 , 열 , 8 , 십)

풀이 복숭아의 수는 ☐ 입니다.

☐ 은 십 또는 ☐ 이라고 읽을 수 있습니다.

06 빈 곳에 알맞은 수를 써넣으세요.

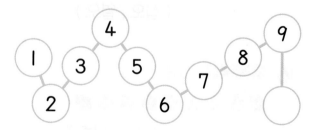

07 여러 가지 방법으로 수를 세어 보세요.

🥒 하나, 둘, ..., ☐

🥕 일, 이, ..., ☐

🍆 다섯하고 여섯, 일곱, ..., ☐

08 10을 어떻게 읽어야 하는지 알맞은 말에 ◯표 하세요.

내 번호는 10번입니다.

(십 , 열)

유형 **03** **10을 모으기와 가르기**

예제 모으기를 해 보세요.

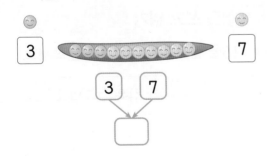

3 ➔ 3 7

풀이 초록색 콩 **3**개와 노란색 콩 **7**개를 모으기
➔ 콩 ☐ 개

---

09 빈 곳에 알맞게 색칠하여 그림을 완성하고, 가르기를 해 보세요.

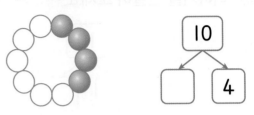

10 ➔ ☐ 4

10 모으기와 가르기를 해 보세요.
중요★

(1) 5 5 ➔ ☐

(2) 10 ➔ 1 ☐

11 10이 되도록 바르게 모으기한 것의 기호
서술형 를 쓰려고 합니다. 풀이 과정을 쓰고, 답을
구하세요.

㉠ 1과 **9**를 모으기하면 10이 됩니다.
㉡ 5와 **4**를 모으기하면 10이 됩니다.

1단계 1과 9, 5와 4를 모으기한 수 각각 구하기

＿＿＿＿＿＿＿＿＿＿＿＿＿＿＿＿

＿＿＿＿＿＿＿＿＿＿＿＿＿＿＿＿

2단계 10이 되도록 바르게 모으기한 것의 기호 쓰기

＿＿＿＿＿＿＿＿＿＿＿＿＿＿＿＿

＿＿＿＿＿＿＿＿＿＿＿＿＿＿＿＿

답 ＿＿＿＿＿＿＿＿＿＿

5
단원

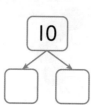

12 10을 가르기하고, 가르기한 것에 알맞은
창의형 이야기를 만들어 보세요.

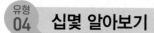

구슬 10개가 있습니다. 나는 ☐개,

동생은 ☐개 가졌습니다.

유형 **십몇 알아보기**
04

예제 ☐ 안에 알맞은 수를 써넣으세요.

초콜릿은 10개씩 묶음 1개와 낱개 ☐개

이므로 모두 ☐개입니다.

풀이 10개씩 묶음 1개

낱개 ☐개 → ☐개

---

13 10개씩 묶고, 수로 나타내세요.
중요★

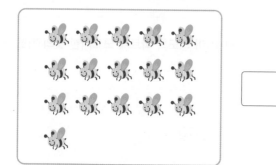

---

14 수만큼 색칠해 보세요.

17 ♡♡♡♡♡♡♡♡♡
♡♡♡♡♡♡♡♡

---

15 빈 곳에 알맞은 수를 써넣으세요.

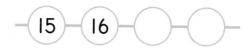

---

16 사용한 ▨은 모두 몇 개일까요?

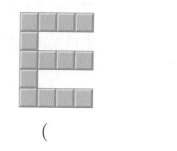

( )

유형 **십몇 쓰고 읽기**
05

예제 16을 잘못 읽은 것의 기호를 쓰세요.

㉠ 십육 ㉡ 열육

( )

풀이 16은 십육 또는 ☐이라고 읽을 수
있습니다.

17 관계있는 것끼리 이어 보세요.

(1) 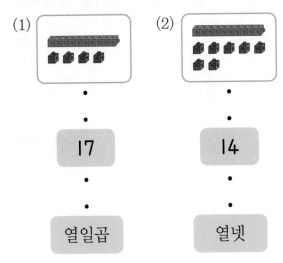 (2)

17

14

열일곱

열넷

18 나타내는 수가 다른 것에 ◯표 하세요.

_{중요★}

열여덟　18　십칠　십팔

**+플러스
유형 06** **실생활 속 십몇 알아보기**

예제 달걀이 10개씩 묶음 1개와 낱개 5개가 있습니다. 달걀은 모두 몇 개일까요?

(　　　　　　)

풀이 10개씩 묶음 □개
낱개 □개 → □개

19 재은이의 생일 케이크입니다. 긴 초 하나는 10살, 짧은 초 하나는 1살을 나타냅니다. 재은이는 몇 살인지 풀이 과정을 쓰고, 답을 구하세요.

_{서술형}

1단계 긴 초 몇 개와 짧은 초 몇 개가 꽂혀 있는지 알아보기

_____

_____

2단계 재은이는 몇 살인지 구하기

_____

_____

답 _____

5
단원

20 수를 세어 쓰고, 어느 수가 더 큰지 비교해 보세요.

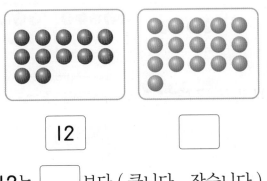

12

12는 □보다 (큽니다 , 작습니다).

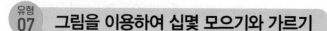

유형 07 그림을 이용하여 십몇 모으기와 가르기

예제 그림을 보고 모으기를 해 보세요.

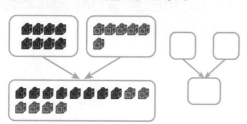

풀이 빨간색 연결 모형 ☐ 개와 초록색 연결 모형 ☐ 개를 모으기 ➡ 연결 모형 ☐ 개

21 그림에 알맞은 수만큼 ○를 그리고, 가르기를 해 보세요.

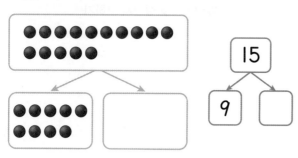

22 색 구슬 한 가지를 골라 팔찌를 이어 그리고, 모으기를 해 보세요.

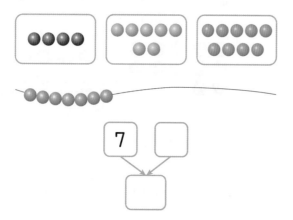

23 두 가지 방법으로 가르기를 해 보세요.

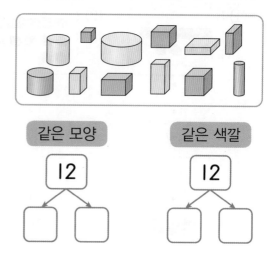

같은 모양   같은 색깔

12   12

유형 08 십몇 모으기와 가르기

예제 17을 바르게 가르기한 것의 기호를 쓰세요.

㉠ (8, 9)   ㉡ (8, 7)

(   )

풀이 17은 8과 ☐ 로 가르기할 수 있습니다.

17을 바르게 가르기한 것 ➡ ☐

24 모으기와 가르기를 해 보세요.

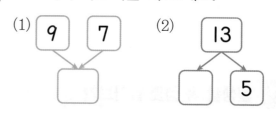

(1) 9   7   (2) 13

25 모으기하여 11이 되는 두 수를 찾아 쓰세요.

2   7   9

(   )

26 ㉠과 ㉡ 중 더 큰 수는 어느 것인지 풀이
(서술형) 과정을 쓰고, 답을 구하세요.

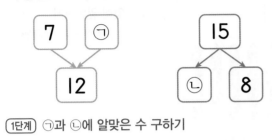

[1단계] ㉠과 ㉡에 알맞은 수 구하기

_____

_____

[2단계] ㉠과 ㉡ 중 더 큰 수의 기호 쓰기

_____

_____

답_____

27 14를 세 가지 방법으로 가르기해 보세요.

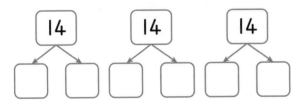

+플러스
유형
09 실생활 속 십몇 모으기와 가르기

[예제] 바구니에 있는 귤 5개와 쟁반에 있는 귤 6개
를 모으면 몇 개가 될까요?

( )

[풀이] 바구니에 귤 ☐개 ┐
┌→ ☐개
쟁반에 귤 ☐개 ┘

28 배 16개를 상자 2개에 나누어 담으려고
합니다. 한 상자에 10개를 담았다면 다른
상자에는 배를 몇 개 담아야 할까요?

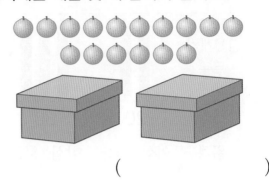

( )

29 연필 18자루를 민아와 재영이가 똑같이
(중요) 나누어 가지려고 합니다. 한 사람이 가질
수 있는 연필은 몇 자루일까요?

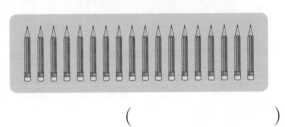

( )

30 색종이 13장을 친구와 나누어 가지려고
(창의형) 합니다. 서로 한 장씩은 반드시 가질 때 내
가 친구보다 색종이를 더 많이 가지려면
몇 장을 가져야 할까요?

( )

개념 확인하기

④ 10개씩 묶어 세기

10개씩 묶음으로만 이루어진 수는 몇십으로 나타냅니다.

10개씩 묶음				
쓰기	20	30	40	50
읽기	이십, 스물	삼십, 서른	사십, 마흔	오십, 쉰

● **몇십 알아보기**
10개씩 묶음 ♥개인 수
→ ♥0

⑤ 50까지의 수

35 알아보기

10개씩 묶음	낱개		수
3	5	→	35

10개씩 묶음 3개와 낱개 5개를 35라고 합니다.

쓰기 **35**

읽기 **삼십오, 서른다섯**

● **50까지의 수 알아보기**
10개씩 묶음 ♥개와 낱개 ▲개인 수
→ ♥▲

28을 10개씩 묶음과 낱개로 나타내기

수		10개씩 묶음	낱개
28	→	2	8

28은 10개씩 묶음 2개와 낱개 8개로 나타냅니다.

[01~03] 그림을 보고 ☐ 안에 알맞은 수를 써넣으세요.

01

10개씩 묶음 3개는 ☐ 입니다.

02

10개씩 묶음 4개는 ☐ 입니다.

03

10개씩 묶음 5개는 ☐ 입니다.

[04~05] 수로 나타내세요.

04 이십

(   )

05 쉰

(   )

[06~07] 그림을 보고 ☐ 안에 알맞은 수를 써넣으세요.

06

10개씩 묶음 2개와 낱개 3개는

☐ 입니다.

07

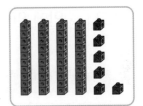

10개씩 묶음 4개와 낱개 6개는

☐ 입니다.

[08~10] 수를 보고 빈칸에 알맞은 수를 써넣으세요.

08

수	→	10개씩 묶음	낱개
21			

09

수	→	10개씩 묶음	낱개
34			

10

수	→	10개씩 묶음	낱개
49			

<table>
<tr><td>유형 10</td><td>그림을 보고 몇십 알아보기</td></tr>
</table>

예제 구슬의 수를 세어 쓰세요.

(   )

풀이 구슬이 10개씩 묶음 ☐ 개

구슬의 수 ➡ ☐

01 그림을 보고 ☐ 안에 알맞은 수를 써넣으세요.

10개씩 묶음 ☐ 개는 ☐ 입니다.

02 10개씩 묶고, 수를 세어 쓰세요.
중요★

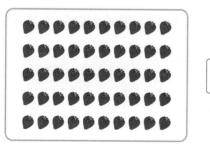

☐

03 40이 되도록 ◯를 그려 보세요.

<table>
<tr><td>유형 11</td><td>몇십 알아보기</td></tr>
</table>

예제 ☐ 안에 알맞은 수를 써넣으세요.

10개씩 묶음 **4**개는 ☐ 입니다.

풀이 10개씩 묶음이 ☐ 개 ➡ ☐

04 빈칸에 알맞은 수를 써넣으세요.

10개씩 묶음 3개	
10개씩 묶음 5개	

05 ☐ 안에 알맞은 수를 써넣으세요

20은 10개씩 묶음이 ☐ 개입니다.

06 〈보기〉를 보고 ☐ 안에 알맞은 수를 써넣으세요.

〈보기〉

30	• 10개씩 묶음 3개는 30입니다. • 야구공이 10개씩 3묶음 있으면 30개입니다.

40	• 10개씩 묶음 ☐ 개는 ☐ 입니다. • 감자가 10개씩 ☐ 묶음 있으면 ☐ 개입니다.

07 밑줄 친 부분을 바르게 고쳐 문장을 다시 쓰세요.

> 50은 10개씩 묶음이 <u>3</u>개입니다.

[바르게 고치기]

_____

_____

유형 12 **몇십 쓰고 읽기**

[예제] 20을 바르게 읽은 것에 ◯표 하세요.

서른	스물
( )	( )

[풀이] 20은 이십 또는 [　　] 이라고 읽습니다.

---

08 관계있는 것끼리 이어 보세요.

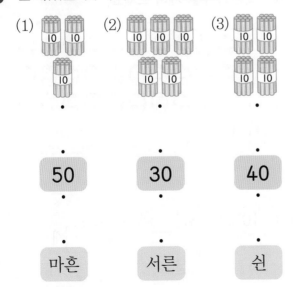

(1) 50 · 마흔
(2) 30 · 서른
(3) 40 · 쉰

---

09 수를 잘못 쓴 친구의 이름을 쓰세요.

미나 삼십은 30이라고 써.

오십은 40이라고 써. 현우

(　　　　　)

---

10 (중요★) 오렌지의 수와 관계있는 것을 모두 찾아 ◯표 하세요.

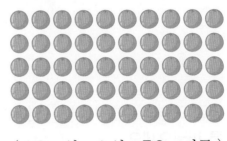

(40 , 쉰 , 오십 , 50 , 서른)

---

11 (서술형) 나타내는 수가 다른 것을 찾아 기호를 쓰려고 합니다. 풀이 과정을 쓰고, 답을 구하세요.

> ㉠ 삼십　　　 ㉡ 서른
> ㉢ 13　　　　 ㉣ 10개씩 묶음 3개

[1단계] ㉠, ㉡, ㉣을 각각 수로 나타내기

_____

_____

[2단계] 나타내는 수가 다른 것을 찾아 기호 쓰기

_____

[답] _____

+플러스
유형 **13** **몇십 활용하기**

예제 주스가 10병씩 4상자 있습니다. 주스는 모두 몇 병일까요?

( )

풀이 주스: 10개씩 묶음 ☐개

➡ ☐병

12 선생님께서 공책을 10권씩 2묶음 가지고 오셨습니다. 선생님께서 가지고 오신 공책은 모두 몇 권일까요?

( )

13 연결 모형의 수를 세어 ☐ 안에 알맞은 수를 써넣으세요.

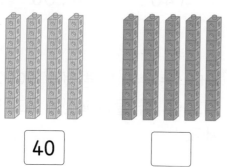

40   ☐

• 40은 ☐ 보다 작습니다.

• ☐ 은 ☐ 보다 큽니다.

14 곰 인형이 30개 있습니다. 곰 인형을 한 상자에 10개씩 담으면 모두 몇 상자가 될까요?

( )

15 ☐ 안의 ■으로 오른쪽 모양을 몇 개 만들 수 있을까요?
중요*

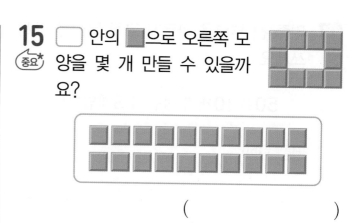

( )

16 그림과 같이 달걀이 있습니다. 달걀이 50개가 되려면 10개씩 묶음이 몇 개 더 있어야 할까요?

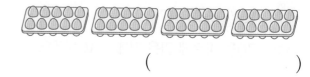

( )

유형 **14** **그림을 보고 몇십몇 알아보기**

예제 머핀의 수를 세어 쓰세요.

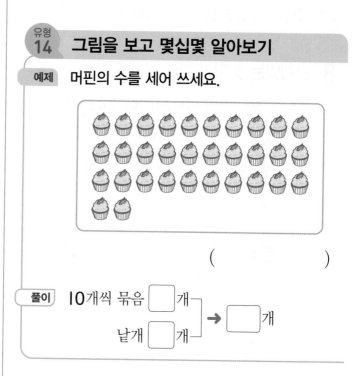

( )

풀이 10개씩 묶음 ☐개 ➡ ☐개
낱개 ☐개

17 그림을 보고 ☐ 안에 알맞은 수를 써넣으세요.

10개씩 묶음 ☐ 개와 낱개 ☐ 개는

☐ 입니다.

18 연결 모형이 몇 개인지 풀이 과정을 쓰고, 답을 구하세요.

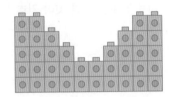

(1단계) 연결 모형이 10개씩 묶음 몇 개와 낱개 몇 개인지 알아보기

_____

_____

(2단계) 연결 모형이 몇 개인지 구하기

_____

답 _____

정답 38쪽

유형 15 몇십몇 알아보기

예제 ☐ 안에 알맞은 수를 써넣으세요.

10개씩 묶음	4	→ ☐
낱개	5	

풀이 10개씩 묶음 4개 ┐
　　　 낱개 5개 ┘ → ☐

19 ☐ 안에 알맞은 수를 써넣으세요.

34는 10개씩 묶음 ☐ 개와

낱개 ☐ 개입니다.

20 수로 바르게 나타낸 것을 찾아 기호를 쓰세요.

10개씩 묶음 **2**개와 낱개 **1**개인 수

㉠ 12　　㉡ 21　　㉢ 22

(　　　　　　　)

21 그림을 보고 수에 알맞게 색칠해 보세요.

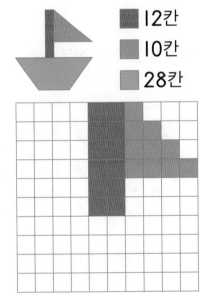

■ 12칸
■ 10칸
■ 28칸

유형 16 **몇십몇 쓰고 읽기**

예제 수를 바르게 읽은 것에 ◯표 하세요.

| 33 → 서른셋 | 47 → 마흔칠 |

( ) ( )

풀이 33 → [ ] 또는 삼십삼

47 → [ ] 또는 사십칠

22 같은 수끼리 이어 보세요.

(1) 삼십칠 • • 42

(2) 스물다섯 • • 25

(3) 사십이 • • 37

23 중요★ 그림을 보고 수를 잘못 읽은 것에 ◯표 하세요.

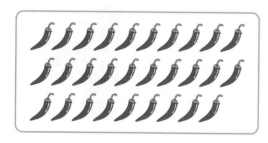

(스물아홉 , 이십구 , 이십아홉)

24 10개씩 묶음 4개와 낱개 4개인 수를 바르게 읽은 것에 ◯표 하세요.

| 마흔사 | 사십사 |

( ) ( )

25 서술형 38을 다르게 읽는 것을 찾아 기호를 쓰려고 합니다. 풀이 과정을 쓰고, 답을 구하세요.

> ㉠ 이모의 나이는 38살입니다.
> ㉡ 카드를 38장 가지고 있습니다.
> ㉢ 내 사물함 번호는 38번입니다.

1단계 ㉠, ㉡, ㉢을 각각 읽기

_____

_____

2단계 다르게 읽는 것을 찾아 기호 쓰기

_____

_____

답 _____

+플러스 유형 17 **실생활 속 몇십몇 알아보기**

예제 구슬이 10개씩 4묶음과 낱개로 6개 있습니다. 구슬은 모두 몇 개일까요?

( )

풀이 10개씩 묶음 [ ]개

낱개 [ ]개 → [ ]개

26 미연이네 반 학생들이 한 줄에 10명씩 섰더니 2줄이 되고 7명이 남았습니다. 미연이네 반 학생은 모두 몇 명일까요?

( )

27 떡 3l개를 접시 한 개에 l0개씩 담으려고 합니다. 떡은 접시 몇 개까지 담을 수 있고 남는 떡은 몇 개일까요?

l0개씩 담은 접시	남는 떡

28 규민이가 이야기한 것과 같이 주변에서 창의형 50까지의 수를 찾아 이야기를 만들어 보세요.

규민   나는 우리 반에서 l7번이야.

_____

_____

+플러스
유형 18 **낱개가 ■▲개인 수 알아보기**

예제 설명하는 수를 구하세요.

l0개씩 묶음 l개와 낱개 l3개인 수

(   )

풀이 낱개 l3개는 l0개씩 묶음 ☐개와 낱개 3개로 나타낼 수 있습니다.

l0개씩 묶음 l개와 낱개 l3개는

l0개씩 묶음 ☐개 ➡ ☐

낱개 3개

29 수를 세어 쓰세요.

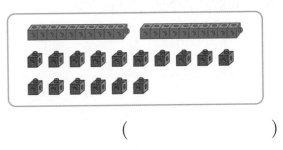

(   )

30 주경이가 말하는 수는 얼마일까요?
중요★

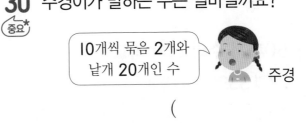

l0개씩 묶음 2개와 낱개 20개인 수   주경

(   )

31 야구공이 한 상자에 l0개씩 3상자와 낱개 l9개가 있습니다. 야구공은 모두 몇 개일까요?

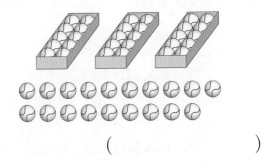

(   )

6 **50까지 수의 순서**

1	2	3	4	5	6	7	8	9	10
11	12	13	14	15	16	17	18	19	20
21	22	23	24	25	26	27	28	29	30
31	32	33	34	35	36	37	38	39	40
41	42	43	44	45	46	47	48	49	50

① 12보다 1만큼 더 작은 수: **11**

  12보다 1만큼 더 큰 수: **13**

② 25와 27 사이에 있는 수: **26**

③ 47과 50 사이에 있는 수: **48, 49**

● **1만큼 더 큰(작은) 수 알아보기**
① ▲보다 1만큼 더 큰 수
  → ▲ 바로 뒤의 수
② ▲보다 1만큼 더 작은 수
  → ▲ 바로 앞의 수

7 **50까지 수의 크기 비교**

27과 35의 크기 비교

10개씩 묶음의 수가 클수록 더 큰 수입니다.

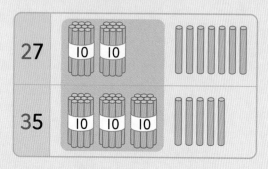

→ ┌ 27은 35보다 작습니다.
  └ 35는 27보다 큽니다.

32와 34의 크기 비교

10개씩 묶음의 수가 같으면 낱개의 수가 클수록 더 큰 수입니다.

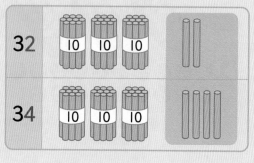

→ ┌ 32는 34보다 작습니다.
  └ 34는 32보다 큽니다.

● **몇십몇의 크기 비교**
① 10개씩 묶음의 수를 비교합니다.
② 10개씩 묶음의 수가 같으면 낱개의 수를 비교합니다.

[01~03] 수를 순서대로 쓰세요.

01
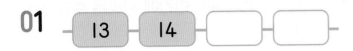

02

03

[04~07] 수를 순서대로 쓴 것을 보고 □ 안에 알맞은 수를 써넣으세요.

32 — 33 — 34 — 35 — 36 — 37

04 32보다 1만큼 더 큰 수는 □ 입니다.

05 36보다 1만큼 더 큰 수는 □ 입니다.

06 35보다 1만큼 더 작은 수는 □ 입니다.

07 36보다 1만큼 더 작은 수는 □ 입니다.

[08~09] 그림을 보고 알맞은 말에 ○표 하세요.

08
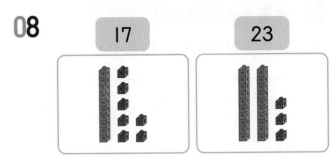

17은 23보다 (큽니다 , 작습니다).

09
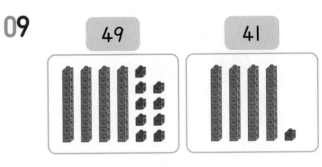

49는 41보다 (큽니다 , 작습니다).

[10~13] 더 큰 수에 ○표 하세요.

10 | 23 | 36 |

11 | 44 | 19 |

12 | 16 | 11 |

13 | 32 | 38 |

2 STEP 유형 **다잡기**

유형 19 수의 순서 알아보기

예제 ☐ 안에 알맞은 수를 써넣으세요.

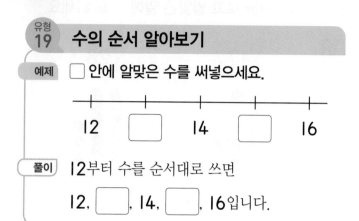

12 ☐ 14 ☐ 16

풀이 12부터 수를 순서대로 쓰면

12, ☐, 14, ☐, 16입니다.

01 순서에 알맞게 수를 쓰세요.

22
23　25　　　29

02 수를 순서대로 이어 그림을 완성해 보세요.

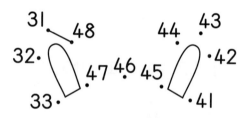

31 ·48　　44· ·43
32·　　　　　·42
　·47 ·46 ·45
33·　　　　　·41

34·　　　　　·40

35·　　　　　·39

36　37　38

03 작은 수부터 순서대로 쓰세요.

중요★

| 41 | 39 | 42 | 40 | 38 |

38 ☐ ☐ ☐ ☐

04 순서를 생각하며 빈칸에 알맞은 수를 써넣으세요.

1		23		21	20	
2	25		39	38		18
3		41		47	36	
4	27		49	46		16
	28		44		34	15
6		30		32		14
7		9	10		12	

유형 20 I만큼 더 큰 수와 I만큼 더 작은 수

예제 빈 곳에 알맞은 수를 써넣으세요.

I만큼 더 작은 수　　　I만큼 더 큰 수

◯ ── 36 ── ◯

풀이 I만큼 더 작은 수는 바로 앞의 수, I만큼 더 큰 수는 바로 뒤의 수입니다.

36 바로 앞의 수 ➡ ☐

36 바로 뒤의 수 ➡ ☐

05 관계있는 것끼리 이어 보세요.

(1)
| 17보다 I만큼 더 큰 수 | · |

· 14

· 16

(2)
| 15보다 I만큼 더 작은 수 | · |

· 18

06 모형이 나타내는 수보다 1만큼 더 큰 수를 구하세요.

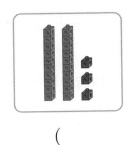

(   )

07 어느 우체국에서 사람들이 번호 순서대로 기다리고 있습니다. 주연이가 뽑은 번호가 20번이라면 주연이 바로 앞의 번호는 몇 번일까요?

(   )

08 서술형 다음 수보다 1만큼 더 큰 수는 얼마인지 풀이 과정을 쓰고, 답을 구하세요.

> 10개씩 묶음 3개와
> 낱개 11개인 수

1단계 10개씩 묶음 3개와 낱개 11개인 수 구하기

_____

_____

2단계 10개씩 묶음 3개와 낱개 11개인 수보다 1만큼 더 큰 수 구하기

_____

_____

답 _____

+플러스
유형 **21** **실생활 속 수의 순서**

예제 빈 곳에 알맞은 수를 써넣으세요.

풀이 1부터 → 방향으로 수를 순서대로 쓰면

1, 2, 3, ☐ / 5, ☐, 7, ☐ /

☐, 10, ☐, 12입니다.

09 정우의 사물함은 17번입니다. 정우의 사물함에 ◯표 하세요.

1	5			
2	6			
3	7			23
4				24

10 버스에서 세아의 자리는 25번입니다. 세아의 자리를 찾아 기호를 쓰세요.

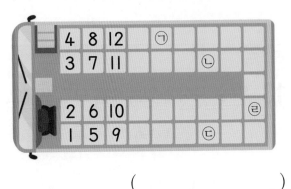

(   )

+플러스
유형 22 **두 수 사이에 있는 수**

예제 20과 23 사이에 있는 수를 모두 쓰세요.

( )

풀이 20부터 수를 순서대로 쓰기

→ 20, ☐, ☐, 23

20과 23 사이에 있는 수

11 빈칸에 알맞은 수를 써넣으세요.

44 — ☐ — 46

12 29와 35 사이에 있는 수가 아닌 것은 어
중요★ 느 것일까요? ( )

① 30   ② 32   ③ 33

④ 34   ⑤ 35

13 두 수 사이에 있는 수를 모두 쓰세요.

삼십칠   사십이

( )

14 어느 공연장에 의자가 번호 순서대로 놓여
서술형 있습니다. 13번과 16번 사이에는 의자가
몇 개 놓여 있는지 풀이 과정을 쓰고, 답을
구하세요.

(1단계) 13번과 16번 사이에 있는 의자의 번호 구하기

_____

_____

(2단계) 13번과 16번 사이에는 의자가 몇 개 놓여 있는지
구하기

_____

_____

답 _____

+플러스
유형 23 **거꾸로 세어 수의 순서 알아보기**

예제 순서를 거꾸로 하여 빈칸에 알맞게 써넣으
세요.

26   25   ☐   ☐

풀이 26부터 1만큼씩 더 작은 수를 차례로 씁니
다. → 26, 25, ☐, ☐

15 순서를 거꾸로 하여 수를 쓸 때 ㉠에 알맞
은 수를 구하세요.

43 ○ ○ ○ ㉠

( )

16 순서를 거꾸로 하여 쓸 때 빈칸에 알맞은 말의 기호를 쓰세요.

열여덟 열일곱 [   ] 열다섯

ㄱ 열넷   ㄴ 열여섯

(   )

17 순서를 거꾸로 하여 수를 쓰세요.

34	33			30	29	28
	26		24			21
20		18		16		14

10개씩 묶음의 수가 다른 두 수의 크기 비교

예제 더 큰 수를 수로 쓰세요.

이십오   삼십일

(   )

풀이 이십오 → [   ], 삼십일 → [   ]

10개씩 묶음의 수를 비교합니다.

→ [   ]은 [   ]보다 큽니다.

18 더 작은 수에 △표 하세요.
중요★

38   42

(   )   (   )

19 그림을 보고 [ ] 안에 알맞은 수를 써넣으세요.

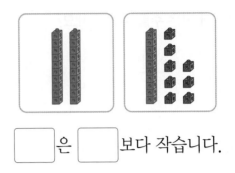

[   ]은 [   ]보다 작습니다.

20 더 큰 수의 기호를 쓰세요.

ㄱ 10개씩 묶음 **2**개와 낱개 **6**개인 수
ㄴ 10개씩 묶음 **3**개와 낱개 **3**개인 수

(   )

21 더 큰 수를 따라 길을 찾아보세요.

더 큰 수를 따라 가야지~!

나는?

유형 25 **10개씩 묶음의 수가 같은 두 수의 크기 비교**

예제 더 작은 수를 수로 쓰세요.

| 이십일 | | 이십육 |

( )

풀이 이십일 ➡ ☐ , 이십육 ➡ ☐

10개씩 묶음의 수가 같으므로 낱개의 수를 비교합니다.

➡ ☐ 은 ☐ 보다 작습니다.

22 수만큼 색칠하고, ☐ 안에 알맞은 수를 써넣으세요.

19

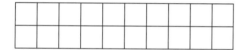

15

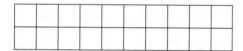

☐ 는 ☐ 보다 큽니다.

23 수의 크기를 비교하여 〈보기〉에서 알맞은 말을 찾아 ☐ 안에 써넣으세요.

〈보기〉
큽니다   작습니다

37은 38보다 ☐ .

24 과자를 더 많이 받은 친구의 이름을 쓰세요.

난 과자를 47개 받았어.

난 과자를 43개 받았어.

리아   도율

( )

25 더 작은 수의 기호를 쓰세요.
중요★

㉠ 36보다 1만큼 더 큰 수
㉡ 37보다 1만큼 더 작은 수

( )

유형 26 **여러 수의 크기 비교**

예제 가장 큰 수를 쓰세요.

23   41   39

( )

풀이 10개씩 묶음의 수가 클수록 더 큰 수입니다.

가장 큰 수 ➡ ☐

26 가장 작은 수에 △표 하세요.

33   18   27

27 작은 수부터 순서대로 쓰세요.

| 31 | 26 | 35 | 29 |

( )

28 가장 큰 수는 어느 것일까요? ( )

① 열둘
② 서른넷
③ 마흔여섯
④ 마흔
⑤ 스물여덟

^{+플러스}
유형 **27** 실생활 속 수의 크기 비교

예제 카드를 지우는 **15**장, 준호는 **21**장 가지고 있습니다. 카드를 더 많이 가지고 있는 친구는 누구일까요?

( )

풀이 가지고 있는 카드의 수가 더 큰 친구가 카드를 더 많이 가지고 있습니다.

15와 21 중 더 큰 수: ☐

카드를 더 많이 가지고 있는 친구 ➡ ☐

29 수지와 민재가 동전 던지기를 했습니다. 결과가 다음과 같을 때 점수가 더 낮은 친구는 누구일까요?

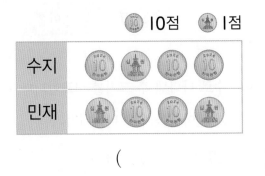

10점 🔟   1점 👤

| 수지 | 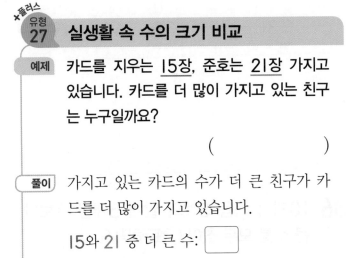 |
| 민재 | |

( )

30
^{중요} 동화책을 유림이는 **41**장, 미주는 **33**장, 정호는 **38**장 읽었습니다. 동화책을 가장 적게 읽은 친구는 누구일까요?

( )

31
서술형 빨간색 구슬이 **29**개, 파란색 구슬이 **22**개, 노란색 구슬이 **25**개 있습니다. 가장 많이 있는 구슬의 색은 무엇인지 풀이 과정을 쓰고, 답을 구하세요.

1단계 수의 크기 비교하기

_____

_____

2단계 가장 많이 있는 구슬의 색 구하기

_____

_____

답 _____

+플러스
유형 28 서로 다르게 나타낸 수의 크기 비교

예제 나타내는 수가 더 큰 것의 기호를 쓰세요.

> ㉠ 27   ㉡ 열아홉

(   )

풀이 수로 나타낸 후 크기를 비교합니다.

㉡ 열아홉을 수로 나타내기: ☐

27과 ☐ 중 더 큰 수: ☐

수가 더 큰 것의 기호 ➜ ☐

32 나타내는 수가 더 작은 것에 △표 하세요.

> 10개씩 묶음 4개와
> 낱개 7개인 수
(   )

> 48
(   )

33 친구들이 과일 가게에 있는 과일의 수를 세
중요★ 었습니다. 가장 많은 과일은 무엇일까요?

> 사과 32개

> 배 스물여섯 개

> 귤 서른다섯 개

(   )

34 붙임 딱지를 유미는 10장씩 2묶음과 낱개 9장 모았고, 선우는 서른한 장, 희라는 33장 모았습니다. 붙임 딱지를 가장 적게 모은 친구는 누구일까요?

(   )

+플러스
유형 29 ■보다 크고 ▲보다 작은 수

예제 30보다 크고 40보다 작은 수를 찾아 쓰세요.

> 41   24   35

(   )

풀이 41, 24, 35 중에서

30보다 큰 수: ☐ , ☐

40보다 작은 수: ☐ , ☐

30보다 크고 40보다 작은 수 ➜ ☐

35 26보다 작은 수를 모두 찾아 쓰세요.

> 31   17   38   46   19

(   )

36 10개씩 묶음 3개와 낱개 5개인 수보다 큰 수를 모두 찾아 ◯표 하세요.

> 34   41   25   38

37 40보다 크고 50보다 작은 수가 아닌 것은 어느 것인가요? (   )

① 43

② 마흔여섯

③ 사십오

④ 39

⑤ 10개씩 묶음 4개와 낱개 8개

38 서술형 30보다 작은 수 중에서 주어진 수보다 큰 수를 모두 구하려고 합니다. 풀이 과정을 쓰고, 답을 구하세요.

10개씩 묶음 2개와 낱개 6개인 수

1단계 10개씩 묶음 2개와 낱개 6개인 수 구하기

_____

_____

2단계 30보다 작은 수 중에서 1단계 에서 구한 수보다 큰 수 모두 구하기

_____

_____

답 _____

39 중요★ 17보다 크고 23보다 작은 수는 모두 몇 개일까요?

(   )

+플러스
유형
30 ■에 알맞은 수 구하기

예제 1부터 4까지의 수 중에서 ■에 들어갈 수 있는 수를 모두 구하세요.

■7은 36보다 작습니다.

(   )

풀이 ■7이 36보다 작은 경우에 ○표 해 봅니다.

■=1이면 17 (   )

■=2이면 27 (   )

■=3이면 37 (   )

■=4이면 47 (   )

➡ ○표 한 수는 ■=☐, ☐일 때입니다.

40 1부터 4까지의 수 중에서 ♥에 들어갈 수 있는 수는 모두 몇 개일까요?

♥4는 32보다 큽니다.

(   )

41 0부터 9까지의 수 중에서 ☐ 안에 들어갈 수 있는 수는 모두 몇 개일까요?

25는 2☐보다 작아.

(   )

해결 tip

모은 후 똑같이 둘로 나누기

1 두 접시에 담긴 딸기를 모으기하여 서진이와 동생이 똑같이 나누어 먹으려고 합니다. 한 사람이 먹을 수 있는 딸기는 몇 개일까요?

(   )

10개씩 묶기 위해 더 필요한 개수 구하기

서술형

2 가게에서 요구르트 37개를 10개씩 묶어서 팔려고 합니다. 요구르트를 모두 팔려면 요구르트가 적어도 몇 개 더 있어야 하는지 풀이 과정을 쓰고, 답을 구하세요.

풀이

답

10개씩 묶어서 팔려면?

10개가 안 되면 팔 수 없습니다.

🧴🧴🧴🧴🧴🧴🧴 **7개**

→ 팔 수 없습니다.

🧴🧴🧴🧴🧴🧴🧴🧴🧴🧴

→ 팔 수 있습니다.

같은 수를 나타낼 때 조건 완성하기

3 ㉠과 ㉡은 같은 수를 나타냅니다. ☐ 안에 알맞은 수를 써넣으세요.

㉠ 10개씩 묶음 **2**개와 낱개 **17**개인 수

㉡ **40**보다 ☐ 만큼 더 작은 수

40보다 ■만큼 더 작은 수는?

40에서 ■만큼 거꾸로 이어 센 수입니다.

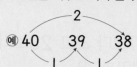

→ 38은 40보다 2만큼 더 작은 수입니다.

가장 큰 몇십몇을 만들려면?

■ ▲
↑ ↑
가장 큰 수 둘째로 큰 수

가장 큰 몇십몇 만들기

4 구슬 3개 중에서 2개를 골라 한 번씩만 사용하여 가장 큰 몇십몇을 만들어 보세요.

(   )

먹고 남은 사탕의 수 구하기

5 사탕이 10개씩 4봉지와 낱개 7개가 있습니다. 이 중에서 10개씩 1봉지와 낱개 2개를 먹었다면 남은 사탕은 몇 개일까요?

(   )

조건을 만족하는 수 구하기   서술형

6 다음 조건을 모두 만족하는 수는 모두 몇 개인지 풀이 과정을 쓰고, 답을 구하세요.

• 36과 44 사이에 있는 수입니다.
• 10개씩 묶음의 수가 낱개의 수보다 작습니다.

풀이 _____

_____

_____

답 _____

■보다 크고 ▲보다 작은 수 만들기

7 수 카드 중 2장을 뽑아 한 번씩만 사용하여 몇십몇을 만들려고 합니다. 만들 수 있는 수 중에서 30보다 크고 40보다 작은 수는 모두 몇 개일까요?

| 0 | I | 3 | 4 |

(1) 30보다 크고 40보다 작은 수는 10개씩 묶음의 수가 몇일까요?

( )

(2) 만들 수 있는 수 중에서 30보다 크고 40보다 작은 수는 모두 몇 개일까요?

( )

해결 tip

두 명 사이에 서 있는 학생 수 구하기

8 운동장에 학생 40명이 앞에서부터 번호 순서대로 한 줄로 서 있습니다. 서아는 앞에서부터 스물여섯 번째에 서 있고 도현이는 앞에서부터 서른두 번째에 서 있습니다. 서아와 도현이 사이에 서 있는 학생은 모두 몇 명일까요?

(1) 서아와 도현이의 번호를 각각 수로 쓰세요.

서아 ( )

도현 ( )

(2) (1)에서 답한 두 수 사이에 있는 수를 모두 쓰세요.

( )

(3) 서아와 도현이 사이에 서 있는 학생은 모두 몇 명일까요?

( )

■와 ▲ 사이에 있는 수는?

■와 ▲는 포함하지 않습니다.

10 II 12 13 14 15

10과 15 사이에 있는 수

맞힌 개수

01 수를 세어 ☐ 안에 알맞은 수를 써넣으세요.

☐

02 ☐ 안에 알맞은 수를 써넣으세요.

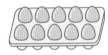 

달걀은 10개씩 묶음 1개와 낱개 ☐ 개

이므로 모두 ☐ 개입니다.

03 그림을 보고 모으기를 해 보세요.

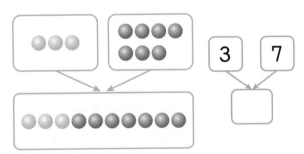

3   7

☐

04 모으기와 가르기를 해 보세요.

8   6   15

☐   6   ☐

05 관계있는 것끼리 이어 보세요.

(1)
 · · **30**

(2)
 · · **20**

(3)
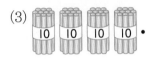 · · **40**

06 ☐ 안에 알맞은 수를 써넣으세요.

29는 10개씩 묶음 ☐ 개와

낱개 ☐ 개입니다.

07 순서에 알맞게 빈칸에 수를 써넣으세요.

31   ☐   33   ☐

08 10을 어떻게 읽어야 하는지 알맞은 말에 ○표 하세요.

초콜릿을 <u>10</u>개 가지고 있습니다.

(십 , 열)

09 수를 바르게 읽은 것의 기호를 쓰세요.

> ㉠ 15 → 십다섯
> ㉡ 41 → 마흔하나

(   )

10 더 큰 수에 ○표 하세요.

38	33

11 순서를 생각하며 빈칸에 알맞은 수를 써넣으세요.

21		37	36		34
22	39		47	46	
	40				
		42		44	31
25		27	28		30

12 다음 수보다 1만큼 더 큰 수를 구하려고 합니다. 풀이 과정을 쓰고, 답을 구하세요.

(서술형)

> 서른여섯

(풀이) _____

_____

_____

(답) _____

13 모으기한 수가 다른 하나를 찾아 기호를 쓰세요.

> ㉠ (3, 9) ㉡ (5, 7) ㉢ (8, 6)

(   )

14 그림과 같이 곶감이 있습니다. 곶감이 40개가 되려면 10개씩 묶음이 몇 개 더 있어야 할까요?

(   )

15 어느 문구점에 연필은 21자루, 지우개는
19개 있습니다. 연필과 지우개 중에서 더
적은 것은 무엇인지 풀이 과정을 쓰고, 답
을 구하세요.

풀이

답

16 큰 수부터 순서대로 쓰세요.

| 20 | 16 | 31 | 25 |

( )

17 0부터 9까지의 수 중에서 ☐ 안에 들어
갈 수 있는 수는 모두 몇 개일까요?

2☐는 27보다 큽니다.

( )

18 수 카드 3장 중 2장을 뽑아 한 번씩만 사
용하여 가장 작은 수를 만들어 보세요.

3 4 2

( )

19 사과가 10개씩 묶음 3개와 낱개 15개가
있습니다. 사과는 모두 몇 개일까요?

( )

20 26보다 크고 31보다 작은 수는 모두 몇
개인지 풀이 과정을 쓰고, 답을 구하세요.

풀이

답

맞힌 개수

01 수를 세어 ☐ 안에 알맞은 수를 써넣으세요.

1단원 | 유형 02

02 ⬤ 모양을 찾아 ◯표 하세요.

2단원 | 유형 01

(   )   (   )   (   )

03 더 무거운 것에 ◯표 하세요.

4단원 | 유형 09

(   )   (   )

04 그림을 보고 가르기해 보세요.

3단원 | 유형 02

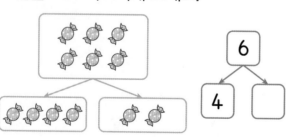

05 ☐ 안에 알맞은 수를 써넣으세요.

5단원 | 유형 01

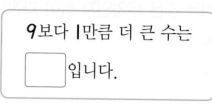

9보다 1만큼 더 큰 수는 ☐ 입니다.

06 모양이 같은 것끼리 선으로 이어 보세요.

2단원 | 유형 03

(1)   •

(2)   •

(3)   •

07 그림의 수보다 1만큼 더 큰 수를 쓰세요.

1단원 | 유형 19

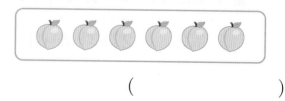

(   )

3단원 | 유형 14 18

08 빈칸에 알맞은 수를 쓰세요.

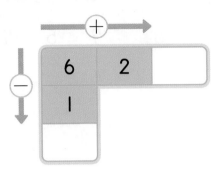

4단원 | 유형 02

09 가장 긴 것에 ◯표, 가장 짧은 것에 △표 하세요.

(   ) (   ) (   )

5단원 | 유형 23

10 순서를 거꾸로 하여 수를 쓸 때 ㉠에 알맞은 수를 구하세요.

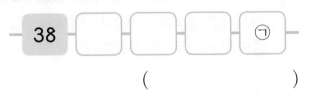

(   )

5단원 | 유형 13

11 가게에 초콜릿이 10개씩 4묶음 있습니다. 가게에 있는 초콜릿은 모두 몇 개일까요?

(   )

4단원 | 유형 20

12 담긴 물의 양이 많은 것부터 차례로 1, 2, 3을 쓰세요.

(   ) (   ) (   )

2단원 | 유형 04

13 가장 많은 모양은 몇 개 있는지 풀이 과정을 쓰고, 답을 구하세요.

서술형

풀이

답

14 ▲보다 넓고 ▲보다 좁은 △ 모양을 빈 곳에 그려 보세요.

4단원 | 유형 14

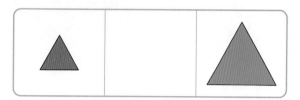

15 세 수로 덧셈식을 **2**개 만들어 보세요.

3단원 | 유형 28

| 2 | 5 | 7 |

$$2 + \boxed{} = \boxed{}$$

$$5 + \boxed{} = \boxed{}$$

16 ▢, ⬭, ◯ 모양을 각각 몇 개 사용했는 지 세어 보세요.

2단원 | 유형 12

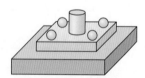

▢ 모양	⬭ 모양	◯ 모양

17 왼쪽의 수보다 작은 수에 ◯표 하세요.

1단원 | 유형 29

6 | 9   5   7

18 나타내는 수가 가장 큰 것을 찾아 기호를 쓰려고 합니다. 풀이 과정을 쓰고, 답을 구 하세요.

서술형

5단원 | 유형 28

> ㉠ **10**개씩 묶음 **3**개와 낱개 **4**개인 수
> ㉡ 스물여섯
> ㉢ **29**

풀이

답

19 세미는 줄넘기를 어제 **7**번 했고, 오늘은 하지 않았습니다. 세미가 어제와 오늘 한 줄넘기는 모두 몇 번일까요?

3단원 | 유형 24

(   )

20 가장 긴 것의 기호를 쓰세요.

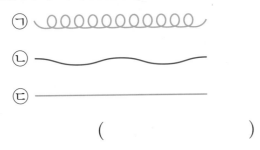

(   )

21 세우면 잘 쌓을 수 있고 눕히면 잘 굴러가는 모양에 ◯표 하세요.

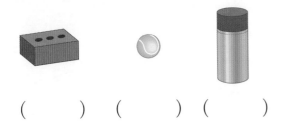

(   ) (   ) (   )

22 가르기와 모으기를 하여 ⓒ에 알맞은 수를 구하세요.

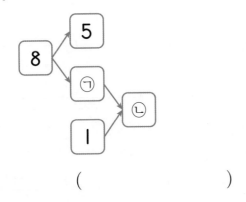

(   )

23 연주와 석진이가 똑같은 컵에 가득 담긴 우유를 마시고 남은 것입니다. 우유를 더 적게 마신 친구는 누구인지 풀이 과정을 쓰고, 답을 구하세요.

서술형

연주   석진

풀이

답

24 버스를 타기 위해 **9**명이 한 줄로 서 있습니다. 희주가 뒤에서 여섯째에 서 있다면 희주는 앞에서 몇째일까요?

(   )

25 수 카드 **3**장 중 **2**장을 뽑아 한 번씩만 사용하여 가장 큰 수를 만들어 보세요.

(   )

ME MO

동아출판 초등 무료 스마트러닝

bookdonga.com/element/lec

초등 ▼

전체 교재   학습 자료   스마트러닝

전체   동아전과   백점 시리즈   큐브수학   백단

검색 자료 96   옵션

백점수학 5-1 동영상 학습

개념 강의, 문제풀이 전략 강의

맛보기   120강

동아출판 초등 **무료 스마트러닝**으로
초등 전 과목 · 전 영역을 쉽고 재미있게!

과목별 · 영역별 특화 강의

전 과목 개념 강의

국어 독해 지문 분석 강의

9씩 커지는!
9단

구구단 송

그림으로 이해하는 비주얼씽킹 강의

과학 실험 동영상 강의

과목별 문제 풀이 강의

서비스 제공 교재   동아전과 | 백점 시리즈 | 큐브 | 빠작 초등 국어 | 초능력 | 초고필 | 하이탑 초등 과학

큐브 유형
서술형 강화책

초등 수학

1·1

⊙ **나타내는 수가 다른 것 찾기**

1 나타내는 수가 다른 것을 찾아 기호를 쓰려고 합니다. 풀이 과정을 쓰고, 답을 구하세요.

| ㉠ 여섯 | ㉡ 칠 | ㉢ 6 | ㉣ 육 |

조건 정리

• 주어진 수: ㉠ 여섯 ㉡ 칠 ㉢ ☐ ㉣ 육

풀이

❶ 모두 수로 나타내기

• ㉠ 여섯을 수로 나타내면 ☐ 입니다.

• ㉡ 칠을 수로 나타내면 ☐ 입니다.

• ㉣ 육을 수로 나타내면 ☐ 입니다.

❷ 나타내는 수가 다른 것을 찾아 기호 쓰기

따라서 나타내는 수가 다른 것은 ☐ 입니다.

> 답을 쓸 때에는 나타내는 수가 아니라 기호를 써야 해.

답 ☐

유사 1-1 나타내는 수가 다른 친구의 이름을 쓰려고 합니다. 풀이 과정을 쓰고, 답을 구하세요.

재호	아름	민수	선주
9	아홉	구	팔

풀이

답

발전 1-2 나타내는 수가 다른 것을 찾아 기호를 쓰려고 합니다. 풀이 과정을 쓰고, 답을 구하세요.

| ㉠ 넷 | ㉡ 4 | ㉢ 다섯 | ㉣ 3보다 1만큼 더 큰 수 |

1단계 모두 수로 나타내기

2단계 나타내는 수가 다른 것을 찾아 기호 쓰기

답

발전 1-3 나타내는 수가 다른 것을 찾아 기호를 쓰려고 합니다. 풀이 과정을 쓰고, 답을 구하세요.

| ㉠ 6보다 1만큼 더 작은 수 | ㉡ 다섯 | ㉢ 오 | ㉣ 일곱 |

1단계 모두 수로 나타내기

2단계 나타내는 수가 다른 것을 찾아 기호 쓰기

답

> ⊙ 하나 더 많거나 적은 수 구하기

2 주아는 사과를 **7**개 가지고 있습니다. 태준이는 주아보다 사과를 하나 더 많이 가지고 있습니다. **태준이는 사과를 몇 개** 가지고 있는지 풀이 과정을 쓰고, 답을 구하세요.

조건
정리

• 주아가 가지고 있는 사과의 수: ☐

• 태준이가 주아보다 더 많이 가지고 있는 사과의 수: ☐

풀이

❶ 주아가 가지고 있는 사과의 수보다 **l**만큼 더 큰 수 구하기

수를 순서대로 썼을 때 **7** 바로 뒤의 수는 ☐ 이므로 **7**보다 **l**만큼 더 큰

수는 ☐ 입니다.

❷ 태준이는 사과를 몇 개 가지고 있는지 구하기

태준이는 사과를 ☐ 개 가지고 있습니다.

답을 쓸 때에는 단위를 반드시 포함해서 써야 해.

답 ☐ 개

유사 **2-1** 준서는 딱지를 5장 가지고 있습니다. 동생은 준서보다 딱지를 하나 더 적게 가지고 있습니다. **동생은 딱지를 몇 장** 가지고 있는지 풀이 과정을 쓰고, 답을 구하세요.

풀이

답

발전 **2-2** 영준, 형식, 보영이가 고리 던지기 놀이를 했습니다. 영준이는 고리를 **3개** 걸었고, 형식이는 영준이보다 고리를 하나 더 적게, 보영이는 형식이보다 고리를 하나 더 적게 걸었습니다. **보영이는 고리를 몇 개** 걸었는지 풀이 과정을 쓰고, 답을 구하세요.

1단계 형식이는 고리를 몇 개 걸었는지 구하기

2단계 보영이는 고리를 몇 개 걸었는지 구하기

답

발전 **2-3** 옥수수, 감자, 고구마가 있습니다. 옥수수는 5개 있고, 감자는 옥수수보다 하나 더 많이, 고구마는 감자보다 하나 더 많이 있습니다. **고구마는 몇 개** 있는지 풀이 과정을 쓰고, 답을 구하세요.

1단계 감자는 몇 개 있는지 구하기

2단계 고구마는 몇 개 있는지 구하기

답

⊙ 실생활 속 수의 크기 비교하기

3 윤주는 연필을 5자루, 준서는 연필을 8자루 가지고 있습니다. 윤주와 준서 중 **연필을 더 많이 가지고 있는 친구**는 누구인지 풀이 과정을 쓰고, 답을 구하세요.

조건
정리

• 윤주가 가지고 있는 연필의 수: ☐

• 준서가 가지고 있는 연필의 수: ☐

풀이 ❶ 윤주와 준서가 가지고 있는 연필의 수 중 더 큰 수 찾기

윤주와 준서가 가지고 있는 연필의 수를 작은 수부터 순서대로 쓰면 ☐,

☐ 이므로 이 중 더 큰 수는 ☐ 입니다.

> '더 많이'는 '더 큰 수'를 찾으면 돼.
> 수를 순서대로 썼을 때
> 뒤의 수가 더 큰 수야.

❷ 연필을 더 많이 가지고 있는 친구의 이름 쓰기

연필을 더 많이 가지고 있는 친구는 ☐ 입니다.

답 ☐

유사 3-1 민영이는 귤을 4개 먹었고, 동생은 귤을 3개 먹었습니다. 민영이와 동생 중 **귤을 더 적게 먹은 사람**은 누구인지 풀이 과정을 쓰고, 답을 구하세요.

풀이

답

발전 3-2 로봇을 미래는 9개, 선우는 6개, 정은이는 7개 가지고 있습니다. 미래, 선우, 정은이 중 **로봇을 가장 많이 가지고 있는 친구**는 누구인지 풀이 과정을 쓰고, 답을 구하세요.

1단계 세 수의 크기를 비교하여 가장 큰 수 구하기

2단계 로봇을 가장 많이 가지고 있는 친구의 이름 쓰기

답

발전 3-3 진수는 가게에서 빵 2개, 초콜릿 5개, 젤리 7개를 샀습니다. 빵, 초콜릿, 젤리 중 **진수가 가장 적게 산 것**은 무엇인지 풀이 과정을 쓰고, 답을 구하세요.

1단계 세 수의 크기를 비교하여 가장 작은 수 구하기

2단계 진수가 가장 적게 산 것 구하기

답

⊙ ■째로 큰 수 구하기

4 수 카드의 수 중에서 **셋째로 큰 수**를 구하려고 합니다. 풀이 과정을 쓰고, 답을 구하세요.

| 5 | 7 | 1 | 4 | 6 |

조건 정리

• 주어진 수 카드의 수: ☐ , ☐ , ☐ , ☐ , ☐

풀이

❶ 주어진 수 카드의 수를 큰 수부터 순서대로 쓰기

수 카드의 수를 큰 수부터 순서대로 쓰면

☐ , ☐ , ☐ , ☐ , ☐ 입니다.

> 큰 수부터 순서대로
> 쓴 내용이 꼭 포함되도록
> 풀이를 써야 해.

❷ 셋째로 큰 수 구하기

첫째	둘째	셋째	넷째	다섯째
↓	↓	↓	↓	↓
☐	☐	☐	☐	☐

따라서 셋째로 큰 수는 ☐ 입니다.

답 ☐

유사 4-1 수 카드의 수 중에서 **둘째로 큰 수**를 구하려고 합니다. 풀이 과정을 쓰고, 답을 구하세요.

2 0 8 5 9

풀이

답

유사 4-2 수 카드의 수 중에서 **넷째로 작은 수**를 구하려고 합니다. 풀이 과정을 쓰고, 답을 구하세요.

4 7 1 3 8

풀이

답

발전 4-3 수 카드의 수 중에서 **가장 큰 수는 오른쪽에서 몇째**에 있는지 풀이 과정을 쓰고, 답을 구하세요.

왼쪽 5 9 6 2 8 0 오른쪽

1단계 수 카드의 수 중 가장 큰 수 구하기

2단계 가장 큰 수는 오른쪽에서 몇째에 있는지 구하기

답

1 나타내는 수가 다른 것을 찾아 기호를 쓰려고 합니다. 풀이 과정을 쓰고, 답을 구하세요.

> ㉠ 다섯　　㉡ 5　　㉢ 여섯
> ㉣ 4보다 I만큼 더 큰 수

풀이

답

2 나타내는 수가 다른 것을 찾아 기호를 쓰려고 합니다. 풀이 과정을 쓰고, 답을 구하세요.

> ㉠ 9보다 I만큼 더 작은 수
> ㉡ 팔　　㉢ 여덟　　㉣ 일곱

풀이

답

3 준하, 봉선, 재석이가 고리 던지기 놀이를 했습니다. 준하는 고리를 6개 걸었고, 봉선이는 준하보다 고리를 하나 더 적게, 재석이는 봉선이보다 고리를 하나 더 적게 걸었습니다. 재석이는 고리를 몇 개 걸었는지 풀이 과정을 쓰고, 답을 구하세요.

풀이

답

4 사과, 딸기, 복숭아가 있습니다. 사과는 4개 있고, 딸기는 사과보다 하나 더 많이, 복숭아는 딸기보다 하나 더 많이 있습니다. 복숭아는 몇 개 있는지 풀이 과정을 쓰고, 답을 구하세요.

풀이

답

5 구슬을 세호는 **3**개, 주아는 **6**개, 찬우는 **5**개 가지고 있습니다 세호, 주아, 찬우 중 구슬을 가장 많이 가지고 있는 친구는 누구인지 풀이 과정을 쓰고, 답을 구하세요.

풀이 _____

_____

_____

답 _____

6 혜림이는 문구점에서 연필 **7**자루, 색연필 **9**자루, 볼펜 **8**자루를 샀습니다. 연필, 색연필, 볼펜 중 혜림이가 가장 적게 산 것은 무엇인지 풀이 과정을 쓰고, 답을 구하세요.

풀이 _____

_____

답 _____

7 수 카드의 수 중에서 둘째로 작은 수를 구하려고 합니다. 풀이 과정을 쓰고, 답을 구하세요.

| 9 | 4 | 2 | 5 | 1 |

풀이 _____

_____

_____

답 _____

8 수 카드의 수 중에서 가장 큰 수는 오른쪽에서 몇째에 있는지 풀이 과정을 쓰고, 답을 구하세요.

| 6 | 1 | 0 | 7 | 3 | 5 |

왼쪽   오른쪽

풀이 _____

_____

_____

답 _____

>  모양 찾기

1  모양을 찾아 기호를 쓰려고 합니다. 풀이 과정을 쓰고, 답을 구하세요.

ㄱ ⚽ ㄴ 🎂 ㄷ 🧱

조건 정리

- ㄱ: 축구공 · ㄴ: 케이크 · ㄷ: 벽돌

풀이

❶ ㄱ, ㄴ, ㄷ의 모양 알아보기

- ㄱ은 ◯ 모양입니다.

- ㄴ은 (▱ , 🟫 , ◯) 모양입니다.

- ㄷ은 (▱ , 🟫 , ◯) 모양입니다.

❷ 🟫 모양을 찾아 기호 쓰기

🟫 모양은 ☐ 입니다.

🟫 모양인 물건의 이름이 아니라
🟫 모양을 찾아 기호를 써야 해.

답 ☐

유사 **1-1** ◯ 모양을 찾아 기호를 쓰려고 합니다. 풀이 과정을 쓰고, 답을 구하세요.

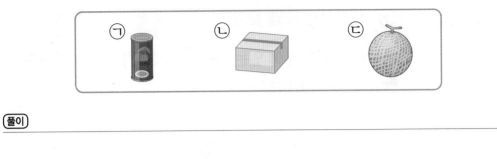

㉠ ㉡ ㉢

(풀이) _____

_____

_____

(답) _____

발전 **1-2** 모양이 다른 것을 찾아 기호를 쓰려고 합니다. 풀이 과정을 쓰고, 답을 구하세요.

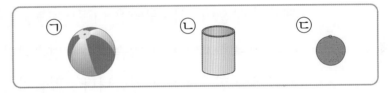

㉠ ㉡ ㉢

(1단계) ㉠, ㉡, ㉢의 모양 알아보기

_____

_____

(2단계) 모양이 다른 것을 찾아 기호 쓰기

_____

(답) _____

설명하는 모양 찾기

2 뾰족한 부분이 있는 물건을 찾아 기호를 쓰려고 합니다. 풀이 과정을 쓰고, 답을 구하세요.

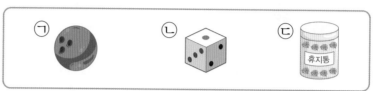

조건 정리

㉠은 (▢ , ▢ , ⚪) 모양입니다.

㉡은 (▢ , ▢ , ⚪) 모양입니다.

㉢은 (▢ , ▢ , ⚪) 모양입니다.

풀이

❶ 뾰족한 부분이 있는 있는 모양 알아보기

뾰족한 부분이 있는 모양은 (▢ , ▢ , ⚪) 모양입니다.

㉠은 뾰족한 부분이 (있습니다 , 없습니다).

㉡은 뾰족한 부분이 (있습니다 , 없습니다).

㉢은 뾰족한 부분이 (있습니다 , 없습니다).

> 뾰족한 모양이 있는 모양은 어떤 모양인지 알아보는 과정이 포함되도록 풀이를 써 봐.

❷ 뾰족한 부분이 있는 물건을 찾아 기호 쓰기

뾰족한 부분이 있는 물건은 ☐ 입니다.

> 뾰족한 부분이 있는 물건의 이름이 아니라 뾰족한 부분이 있는 물건의 기호를 써야 해.

답 ☐

유사 **2-1** 모든 부분이 다 둥근 모양인 물건을 찾아 기호를 쓰려고 합니다. 풀이 과정을 쓰고, 답을 구하세요.

ⓐ ㉡ ㉢

(풀이) _____

_____

(답) _____

발전 **2-2** 세우면 잘 쌓을 수 있고 눕히면 잘 굴러가는 물건은 모두 몇 개인지 풀이 과정을 쓰고, 답을 구하세요.

(1단계) 세우면 잘 쌓을 수 있고 눕히면 잘 굴러가는 모양 알아보기

_____

(2단계) 세우면 잘 쌓을 수 있고 눕히면 잘 굴러가는 물건의 개수 구하기

_____

(답) _____

발전 **2-3** 지유와 태주가 모은 물건입니다. 잘 쌓을 수 있지만 잘 굴러가지 않는 물건을 더 많이 모은 친구는 누구인지 풀이 과정을 쓰고, 답을 구하세요.

지유　　　　　　　　　　태주

(1단계) 잘 쌓을 수 있지만 잘 굴러가지 않는 모양 알아보기

_____

(2단계) 잘 쌓을 수 있지만 잘 굴러가지 않는 물건을 더 많이 모은 친구의 이름 쓰기

_____

(답) _____

⊙ 사용한 모양의 개수 비교하기

3 모양을 만드는 데 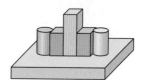 모양과 🛢 모양 중에서 더 많이 사용한 모양은 어느 것인지 풀이 과정을 쓰고, 답을 구하세요.

조건 정리

• 사용한 개수를 비교할 두 모양: (⬛ , 🛢 , ⚪) 모양

풀이

❶ 모양을 만드는 데 사용한 ⬛, 🛢 모양의 개수 각각 구하기

• ⬛ 모양은 ☐ 개 사용했습니다.

• 🛢 모양은 ☐ 개 사용했습니다.

> 각각의 모양을 몇 개 사용했는지 구하는 과정이 꼭 포함되도록 풀이를 써야 해.

❷ ⬛ 모양과 🛢 모양 중에서 더 많이 사용한 것 구하기

더 많이 사용한 모양은 (⬛ , 🛢) 모양입니다.

답 (⬛ , 🛢) 모양

유사 3-1 오른쪽 모양을 만드는 데 🛢 모양과 ⚪ 모양 중에서 더 **적게 사용한 모양**은 어느 것인지 풀이 과정을 쓰고, 답을 구하세요.

(풀이) _____

_____

(답) (🛢 , ⚪) 모양

유사 3-2 오른쪽 모양을 만드는 데 **가장 많이 사용한 모양**은 어느 것인지 풀이 과정을 쓰고, 답을 구하세요.

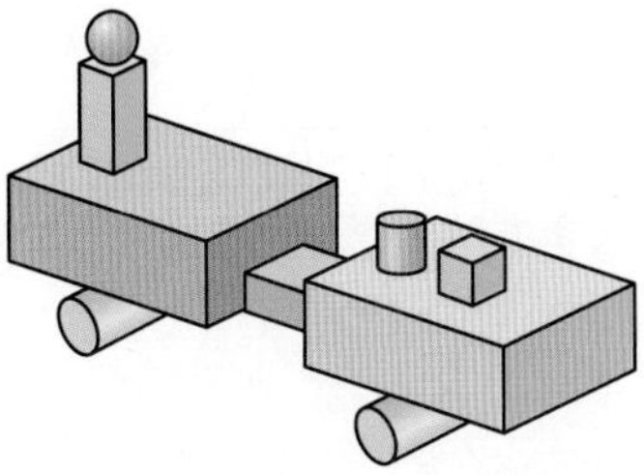

(풀이) _____

_____

(답) (⬛ , 🛢 , ⚪) 모양

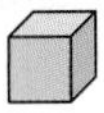

발전 3-3 오른쪽 모양을 만드는 데 **가장 적게 사용한 모양은 몇 개**를 사용했는지 풀이 과정을 쓰고, 답을 구하세요.

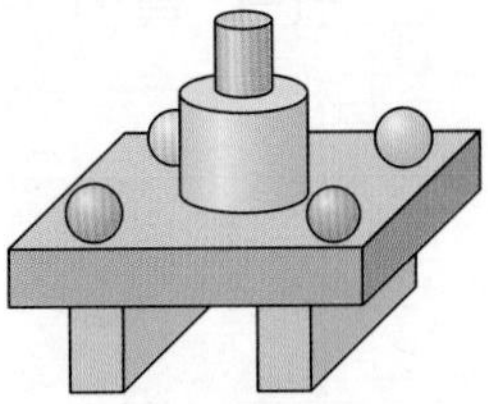

(1단계) 사용한 모양의 개수 각각 구하기

_____

_____

(2단계) 가장 적게 사용한 모양은 몇 개를 사용했는지 구하기

_____

(답) _____

1 📦 모양을 찾아 기호를 쓰려고 합니다. 풀이 과정을 쓰고, 답을 구하세요.

ㄱ ㄴ ㄷ

풀이

답

2 모양이 다른 것을 찾아 기호를 쓰려고 합니다. 풀이 과정을 쓰고, 답을 구하세요.

ㄱ ㄴ ㄷ

풀이

답

3 ⚪ 모양인 물건은 모두 몇 개인지 풀이 과정을 쓰고, 답을 구하세요.

풀이

답

4 둥근 부분과 평평한 부분이 있는 물건을 찾아 기호를 쓰려고 합니다. 풀이 과정을 쓰고, 답을 구하세요.

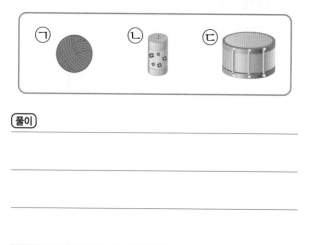

ㄱ ㄴ ㄷ

풀이

답

5 잘 쌓을 수 있지만 잘 굴러가지 않는 물건은 모두 몇 개인지 풀이 과정을 쓰고, 답을 구하세요.

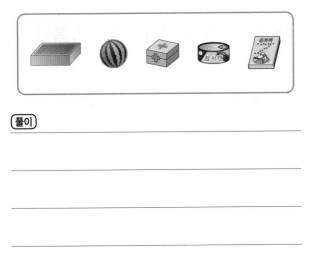

풀이 _____

_____

_____

답 _____

7 오른쪽 모양을 만드는 데 가장 많이 사용한 모양은 어느 것인지 풀이 과정을 쓰고, 답을 구하세요.

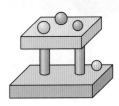

풀이 _____

_____

_____

답 (⬜ , 🔵 , ⚪) 모양

6 송이와 연우가 모은 물건입니다. 잘 쌓을 수 없지만 잘 굴러가는 물건을 더 많이 모은 친구는 누구인지 풀이 과정을 쓰고, 답을 구하세요.

송이   연우

풀이 _____

_____

_____

답 _____

8 오른쪽 모양을 만드는 데 가장 적게 사용한 모양은 몇 개를 사용했는지 풀이 과정을 쓰고, 답을 구하세요.

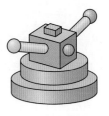

풀이 _____

_____

_____

답 _____

> **모으기하여 ■가 되는 두 수 찾기**

1 두 수를 **모으기하여 6**이 되는 것을 찾아 기호를 쓰려고 합니다. 풀이 과정을 쓰고, 답을 구하세요.

> ㉠ (1, 4)   ㉡ (3, 3)   ㉢ (4, 3)

조건 정리

• ㉠: 1과 ☐

• ㉡: 3과 ☐

• ㉢: 4와 ☐

풀이

❶ ㉠, ㉡, ㉢의 두 수를 모으기한 수 구하기

• ㉠: 1과 ☐ 를 모으기하면 ☐ 가 됩니다.

• ㉡: 3과 ☐ 을 모으기하면 ☐ 이 됩니다.

• ㉢: 4와 ☐ 을 모으기하면 ☐ 이 됩니다.

❷ 두 수를 모으기하여 6이 되는 것을 찾아 기호 쓰기

두 수를 모으기하여 6이 되는 것은 ☐ 입니다.

답을 쓸 때에는
기호를 써야 해.

답 ☐

유사 **1-1** 두 수를 **모으기하여 8이 되지 <u>않는</u>** 것을 찾아 기호를 쓰려고 합니다. 풀이 과정을 쓰고, 답을 구하세요.

> ㉠ (4, 5)   ㉡ (1, 7)   ㉢ (6, 2)

(풀이) _____

_____

_____

(답) _____

유사 **1-2** 두 수를 **모으기한 수가 다른** 것을 찾아 기호를 쓰려고 합니다. 풀이 과정을 쓰고, 답을 구하세요.

> ㉠ (3, 2)   ㉡ (4, 1)   ㉢ (2, 2)

(풀이) _____

_____

_____

(답) _____

발전 **1-3** **모으기하여 7이 되는 두 수를 모두** 찾아 쓰려고 합니다. 풀이 과정을 쓰고, 답을 구하세요.

> 1   3   4   5   6

(1단계) 모으기하여 7이 되는 두 수 모두 구하기

_____

(2단계) 모으기하여 7이 되는 두 수를 모두 찾아 쓰기

_____

(답) _____

⊙ **모두 몇 개인지 구하기**

2 현주는 쿠키를 2개 먹었고, 언니는 현주보다 쿠키를 3개 더 많이 먹었습니다. 두 사람이 먹은 쿠키는 모두 몇 개인지 풀이 과정을 쓰고, 답을 구하세요.

조건 정리

• 현주가 먹은 쿠키의 수: ☐

• 언니가 현주보다 더 많이 먹은 쿠키의 수: ☐

풀이 ❶ 언니가 먹은 쿠키는 몇 개인지 구하기

언니는 현주보다 쿠키를 **3**개 더 많이 먹었으므로 언니가 먹은 쿠키는

2+☐=☐(개)입니다.

❷ 두 사람이 먹은 쿠키는 모두 몇 개인지 구하기

현주는 쿠키를 ☐개, 언니는 쿠키를 ☐개 먹었으므로 두 사람이 먹은

쿠키는 모두 ☐+☐=☐(개)입니다.

> 현주와 언니가 먹은 쿠키 수의 합을 구하는 덧셈식이 꼭 포함되도록 풀이를 써야 해.

답 ☐개

유사 **2-1** 세준이는 장난감 자동차를 **5**개 가지고 있고, 재원이는 장난감 자동차를
세준이보다 **1**개 더 적게 가지고 있습니다. **두 사람이 가지고 있는 장난감**
자동차는 모두 몇 개인지 풀이 과정을 쓰고, 답을 구하세요.

풀이

답

유사 **2-2** 미래는 딱지를 **4**장 가지고 있고, 정우는 딱지를 **7**장보다 **3**장 더 적게 가
지고 있습니다. **두 사람이 가지고 있는 딱지는 모두 몇 장인지** 풀이 과정을
쓰고, 답을 구하세요.

풀이

답

발전 **2-3** 주아는 빨간색 구슬 **3**개와 파란색 구슬 **1**개를 가지고 있고, 석현이는 빨간
색 구슬 **2**개와 파란색 구슬 **3**개를 가지고 있습니다. **두 사람이 가지고 있**
는 구슬은 모두 몇 개인지 풀이 과정을 쓰고, 답을 구하세요.

1단계 주아가 가지고 있는 구슬은 몇 개인지 구하기

2단계 석현이가 가지고 있는 구슬은 몇 개인지 구하기

3단계 두 사람이 가지고 있는 구슬은 모두 몇 개인지 구하기

답

⊙ 수 카드로 합 또는 차 구하기

3 4장의 수 카드 중에서 **가장 큰 수와 가장 작은 수의 합**은 얼마인지 풀이 과정을 쓰고, 답을 구하세요.

| 3 | 1 | 6 | 7 |

조건 정리

• 주어진 수 카드의 수: ☐, ☐, ☐, ☐

풀이

❶ 가장 큰 수와 가장 작은 수 구하기

수 카드의 수를 작은 수부터 순서대로 쓰면 ☐, ☐, ☐, ☐

이므로 가장 큰 수는 ☐, 가장 작은 수는 ☐ 입니다.

> 가장 큰 수와 가장 작은 수를 구하는 내용이 꼭 포함되도록 풀이를 써야 해.

❷ 가장 큰 수와 가장 작은 수의 합 구하기

따라서 가장 큰 수와 가장 작은 수의 합은

☐ + ☐ = ☐ 입니다.

답 ☐

유사 3-1 4장의 수 카드 중에서 **가장 큰 수와 가장 작은 수의 차**는 얼마인지 풀이 과정을 쓰고, 답을 구하세요.

$$\boxed{8} \quad \boxed{4} \quad \boxed{5} \quad \boxed{2}$$

[풀이] _____

_____

[답] _____

발전 3-2 3장의 수 카드 중에서 두 수를 골라 더하려고 합니다. **합이 가장 크게 되도록 고른 두 수의 합**은 얼마인지 풀이 과정을 쓰고, 답을 구하세요.

$$\boxed{2} \quad \boxed{1} \quad \boxed{5}$$

[1단계] 합이 가장 크게 되도록 고른 두 수 구하기

_____

[2단계] 고른 두 수의 합 구하기

_____

[답] _____

발전 3-3 3장의 수 카드 중에서 두 수를 골라 차를 구하려고 합니다. **차가 가장 크게 되도록 고른 두 수의 차**는 얼마인지 풀이 과정을 쓰고, 답을 구하세요.

$$\boxed{9} \quad \boxed{6} \quad \boxed{7}$$

[1단계] 차가 가장 크게 되도록 고른 두 수 구하기

_____

_____

[2단계] 고른 두 수의 차 구하기

_____

[답] _____

⊙ 어떤 수 구하기

4 어떤 수에 2를 더했더니 7이 되었습니다. **어떤 수는 얼마인지** 풀이 과정을 쓰고, 답을 구하세요.

조건 정리

• 어떤 수에 더한 수: ☐

• 계산 결과: ☐

풀이 ❶ 덧셈식 쓰기

어떤 수를 ■라 하고 덧셈식으로 나타내면

■ + ☐ = ☐ 입니다.

어떤 수를 ■라 하여 나타낸
덧셈식이 꼭 포함되도록
풀이를 써야 해.

❷ 어떤 수 구하기

2와 ☐ 를 모으기하면 7이 되므로 ■ = ☐ 입니다.

따라서 어떤 수는 ☐ 입니다.

답 ☐

유사 4-1 어떤 수에서 5를 뺐더니 1이 되었습니다. **어떤 수는 얼마인지** 풀이 과정을 쓰고, 답을 구하세요.

(풀이) _____

_____

_____

(답) _____

발전 4-2 어떤 수에서 3을 빼야 할 것을 잘못하여 3을 더했더니 9가 되었습니다. **바르게 계산하면 얼마인지** 풀이 과정을 쓰고, 답을 구하세요.

(1단계) 어떤 수 구하기

_____

_____

(2단계) 바르게 계산한 값 구하기

_____

(답) _____

발전 4-3 어떤 수에 4를 더해야 할 것을 잘못하여 4를 뺐더니 1이 되었습니다. 바르게 계산하면 얼마인지 풀이 과정을 쓰고, 답을 구하세요.

(1단계) 어떤 수 구하기

_____

_____

(2단계) 바르게 계산한 값 구하기

_____

(답) _____

1 두 수를 모으기한 수가 다른 것을 찾아 기호를 쓰려고 합니다. 풀이 과정을 쓰고, 답을 구하세요.

ㄱ (2, 6) ㄴ (3, 4) ㄷ (4, 4)

풀이 _____

_____

_____

답 _____

2 모으기하여 9가 되는 두 수를 모두 찾아 쓰려고 합니다. 풀이 과정을 쓰고, 답을 구하세요.

2 4 5 6 7 8

풀이 _____

_____

_____

답 _____

3 수아는 땅콩을 3개 먹었고, 철호는 땅콩을 2개보다 2개 더 많이 먹었습니다. 두 사람이 먹은 땅콩은 모두 몇 개인지 풀이 과정을 쓰고, 답을 구하세요.

풀이 _____

_____

_____

답 _____

4 연희는 노란색 색종이 2장과 초록색 색종이 1장을 가지고 있고, 호현이는 노란색 색종이 2장과 초록색 색종이 3장을 가지고 있습니다. 두 사람이 가지고 있는 색종이는 모두 몇 장인지 풀이 과정을 쓰고, 답을 구하세요.

풀이 _____

_____

_____

답 _____

5 3장의 수 카드 중에서 두 수를 골라 더하려고 합니다. 합이 가장 크게 되도록 고른 두 수의 합은 얼마인지 풀이 과정을 쓰고, 답을 구하세요.

| 4 | 3 | 2 |

풀이

답

6 3장의 수 카드 중에서 두 수를 골라 차를 구하려고 합니다. 차가 가장 크게 되도록 고른 두 수의 차는 얼마인지 풀이 과정을 쓰고, 답을 구하세요.

| 8 | 6 | 1 |

풀이

답

7 어떤 수에서 2를 빼야 할 것을 잘못하여 2를 더했더니 5가 되었습니다. 바르게 계산하면 얼마인지 풀이 과정을 쓰고, 답을 구하세요.

풀이

답

8 어떤 수에 3을 더해야 할 것을 잘못하여 3을 뺐더니 3이 되었습니다. 바르게 계산하면 얼마인지 풀이 과정을 쓰고, 답을 구하세요.

풀이

답

넓이 비교하기

1 한 칸의 크기가 같을 때 **색칠한 부분이 더 넓은 것의 기호**를 쓰려고 합니다. 풀이 과정을 쓰고, 답을 구하세요.

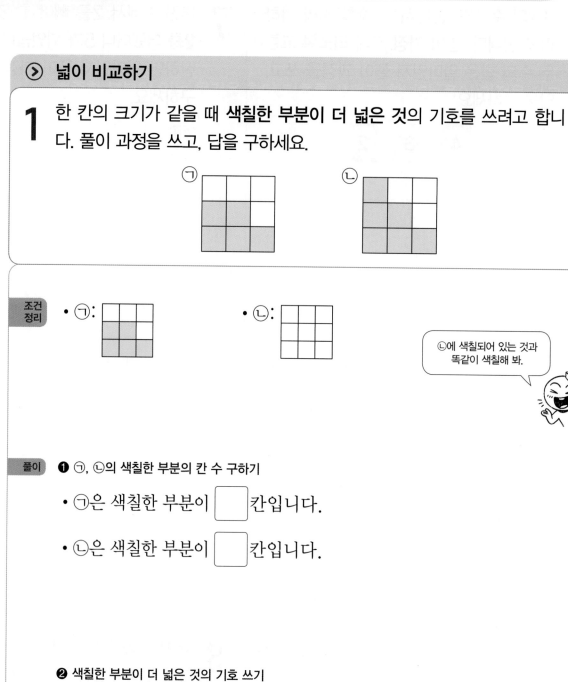

조건 정리

• ㉠:

• ㉡:

㉡에 색칠되어 있는 것과 똑같이 색칠해 봐.

풀이 ❶ ㉠, ㉡의 색칠한 부분의 칸 수 구하기

• ㉠은 색칠한 부분이 ☐ 칸입니다.

• ㉡은 색칠한 부분이 ☐ 칸입니다.

❷ 색칠한 부분이 더 넓은 것의 기호 쓰기

한 칸의 크기가 같을 때 칸 수가 많을수록 더 넓으므로

색칠한 부분이 더 넓은 것은 ☐ 입니다.

답 ☐

유사 **1-1** 한 칸의 크기가 같을 때 **색칠한 부분이 더 넓은 것**의 기호를 쓰려고 합니다. 풀이 과정을 쓰고, 답을 구하세요.

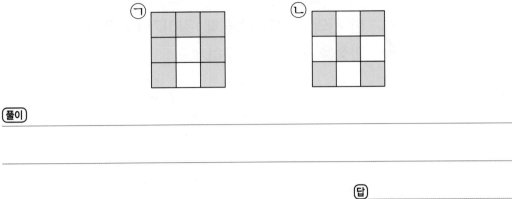

풀이

답

유사 **1-2** 한 칸의 크기가 같을 때 **색칠한 부분이 더 좁은 것**의 기호를 쓰려고 합니다. 풀이 과정을 쓰고, 답을 구하세요.

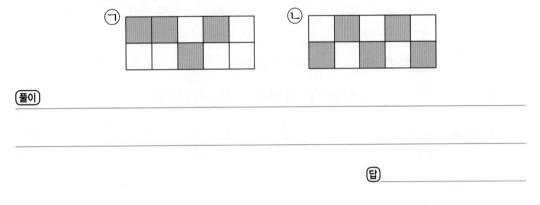

풀이

답

발전 **1-3** 한 칸의 크기가 같을 때 빨간색, 노란색, 보라색 중 **색칠한 부분이 가장 넓은 것**은 어느 색인지 풀이 과정을 쓰고, 답을 구하세요.

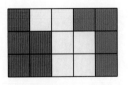

1단계 빨간색, 노란색, 보라색으로 색칠한 부분의 칸 수 구하기

2단계 색칠한 부분이 가장 넓은 것의 색 구하기

답

> 길이 비교하기

2 한 칸의 길이가 같을 때, **길이가 더 짧은 것**의 기호를 쓰려고 합니다. 풀이 과정을 쓰고, 답을 구하세요.

조건 정리

• ㉠:

• ㉡:

풀이

❶ ㉠, ㉡ 길이의 칸 수 구하기

• ㉠은 길이가 ☐ 칸입니다.

• ㉡은 길이가 ☐ 칸입니다.

> 길이가 몇 칸인지 센 수가 꼭 포함되도록 풀이를 써야 해.

❷ 길이가 더 짧은 것의 기호 쓰기

따라서 길이가 더 짧은 것은 ☐ 입니다.

답 ☐

유사 2-1 한 칸의 길이가 같을 때, **길이가 더 짧은 것**의 기호를 쓰려고 합니다. 풀이 과정을 쓰고, 답을 구하세요.

풀이 _____

_____

답 _____

발전 2-2 한 칸의 길이가 같을 때, **길이가 가장 긴 것**의 기호를 쓰려고 합니다. 풀이 과정을 쓰고, 답을 구하세요.

1단계 ㉠, ㉡, ㉢ 길이의 칸 수 구하기

_____

2단계 길이가 가장 긴 것의 기호 쓰기

_____

답 _____

발전 2-3 한 칸의 길이가 같을 때 **빨간색 선의 길이가 가장 짧은 것**의 기호를 쓰려고 합니다. 풀이 과정을 쓰고, 답을 구하세요.

1단계 ㉠, ㉡, ㉢의 빨간색 선 길이의 칸 수 구하기

_____

2단계 빨간색 선의 길이가 가장 짧은 것의 기호 쓰기

_____

답 _____

> 담긴 물의 양 비교하기

3 담긴 물의 양이 더 많은 것의 기호를 쓰려고 합니다. 풀이 과정을 쓰고, 답을 구하세요.

ⓒ   ⓛ

조건 정리

• 그릇의 크기는 (같습니다 , 다릅니다).

• 그릇에 들어 있는 물의 높이는 (같습니다 , 다릅니다).

풀이

❶ 담긴 물의 양이 더 많은 것을 찾는 방법 쓰기

물의 높이가 같을 때는 그릇의 크기가
(클수록 , 작을수록) 담긴 물의 양이 더 많습니다.

❷ 담긴 물의 양이 더 많은 것의 기호 쓰기

그릇의 크기가 더 큰 것은 ☐ 이므로

담긴 물의 양이 더 많은 것은 ☐ 입니다.

> 그릇의 크기를 비교하여 더 큰 그릇을 찾는 내용이 꼭 포함되도록 풀이를 써야 해.

답 ☐

유사 **3-1** 담긴 주스의 양이 더 적은 것의 기호를 쓰려고 합니다. 풀이 과정을 쓰고, 답을 구하세요.

ㄱ   ㄴ

풀이 _____

_____

답 _____

발전 **3-2** 담긴 물의 양이 많은 것부터 차례로 기호를 쓰려고 합니다. 풀이 과정을 쓰고, 답을 구하세요.

ㄱ   ㄴ   ㄷ

1단계 담긴 물의 양이 더 많은 것을 찾는 방법 쓰기

_____

2단계 담긴 물의 양이 많은 것부터 차례로 기호 쓰기

_____

답 _____

발전 **3-3** 세희와 명수가 똑같은 컵에 가득 담긴 우유를 마시고 남은 것입니다. **우유를 더 많이 마신 친구**는 누구인지 풀이 과정을 쓰고, 답을 구하세요.

세희   명수

1단계 남은 우유의 양이 더 적은 사람 찾기

_____

2단계 우유를 더 많이 마신 친구 구하기

_____

답 _____

1 한 칸의 크기가 같을 때 색칠한 부분이 더 좁은 것의 기호를 쓰려고 합니다. 풀이 과정을 쓰고, 답을 구하세요.

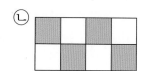

풀이 _____

_____

_____

답 _____

2 한 칸의 크기가 같을 때 파란색, 분홍색, 초록색 중 색칠한 부분이 가장 넓은 것은 어느 색인지 풀이 과정을 쓰고, 답을 구하세요.

풀이 _____

_____

_____

답 _____

3 한 칸의 길이가 같을 때, 길이가 더 짧은 것의 기호를 쓰려고 합니다. 풀이 과정을 쓰고, 답을 구하세요.

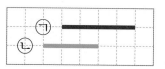

풀이 _____

_____

_____

답 _____

4 한 칸의 길이가 같을 때, 길이가 가장 긴 것의 기호를 쓰려고 합니다. 풀이 과정을 쓰고, 답을 구하세요.

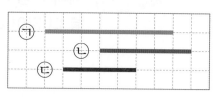

풀이 _____

_____

_____

답 _____

5 한 칸의 길이가 같을 때 빨간색 선의 길이가 가장 짧은 것의 기호를 쓰려고 합니다. 풀이 과정을 쓰고, 답을 구하세요.

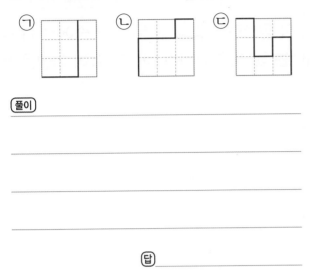

풀이

답

6 담긴 물의 양이 더 적은 것의 기호를 쓰려고 합니다. 풀이 과정을 쓰고, 답을 구하세요.

풀이

답

7 담긴 우유의 양이 많은 것부터 차례로 기호를 쓰려고 합니다. 풀이 과정을 쓰고, 답을 구하세요.

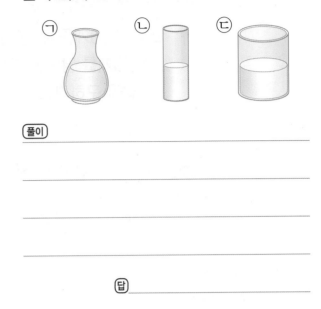

풀이

답

8 진영이와 예준이가 똑같은 컵에 가득 담긴 주스를 마시고 남은 것입니다. 주스를 더 많이 마신 친구는 누구인지 풀이 과정을 쓰고, 답을 구하세요.

진영  예준

풀이

답

> ## 실생활 속 가르기

1 초콜릿 13개를 두 상자에 나누어 담으려고 합니다. 두 상자 중에서 한 상자에 **5개**를 담으면 **다른 상자에는 몇 개**를 담아야 하는지 풀이 과정을 쓰고, 답을 구하세요.

조건 정리

- 전체 초콜릿의 수: ☐
- 한 상자에 담은 초콜릿의 수: ☐

풀이 ❶ 13은 5와 몇으로 가르기할 수 있는지 구하기

전체 초콜릿의 수 ☐ 은 5와 ☐ 로 가르기할 수 있습니다.

❷ 초콜릿을 다른 상자에 몇 개 담아야 하는지 구하기

따라서 한 상자에 **5개**를 담으면 다른 상자에는 ☐ 개를 담아야 합니다.

답을 쓸 때는 반드시 단위를 포함하여 써야 해.

답 ☐ 개

유사 **1-1** 떡 17개를 두 접시에 나누어 담으려고 합니다. 한 접시에 **8개를 담으면 다른 접시에는 몇 개를 담아야 하는지** 풀이 과정을 쓰고, 답을 구하세요.

풀이 _____

_____

답 _____

발전 **1-2** 유라는 사탕 12개를 동생과 똑같이 나누어 먹으려고 합니다. **한 사람이 몇 개씩 먹을 수 있는지** 풀이 과정을 쓰고, 답을 구하세요.

1단계 12를 가르기할 수 있는 두 수 모두 구하기

_____

_____

2단계 한 사람이 몇 개씩 먹을 수 있는지 구하기

_____

_____

답 _____

발전 **1-3** 민찬이는 구슬 10개를 친구와 나누어 가지려고 합니다. 구슬을 적어도 1개씩은 가질 때 **민찬이가 친구보다 더 많이 가지는 경우는 모두 몇 가지인지** 풀이 과정을 쓰고, 답을 구하세요.

1단계 10을 가르기할 수 있는 두 수 모두 구하기

_____

_____

2단계 민찬이가 친구보다 더 많이 가지는 경우는 모두 몇 가지인지 구하기

_____

_____

답 _____

수의 크기 비교하기

2 나타내는 수가 더 작은 것의 기호를 쓰려고 합니다. 풀이 과정을 쓰고, 답을 구하세요.

> ㉠ 35   ㉡ 10개씩 묶음 **4**개와 낱개 **1**개인 수

조건 정리

· ㉠: ⬚

· ㉡: 10개씩 묶음 ⬚개와 낱개 ⬚개인 수

풀이

❶ ㉡을 수로 나타내기

10개씩 묶음 **4**개와 낱개 **1**개인 수는 ⬚입니다.

> ㉡을 수로 나타내는 과정이 꼭 포함되도록 풀이를 써야 해.

❷ 나타내는 수가 더 작은 것의 기호 쓰기

35와 ⬚의 크기를 비교하면 ⬚가 ⬚보다 작습니다.

따라서 나타내는 수가 더 작은 것의 기호는 ⬚입니다.

답 ⬚

유사 **2-1** 나타내는 수가 더 작은 것의 기호를 쓰려고 합니다. 풀이 과정을 쓰고, 답을 구하세요.

> ㉠ 10개씩 묶음 2개와 낱개 7개인 수　　㉡ 29

풀이

답

발전 **2-2** 나타내는 수가 더 큰 것의 기호를 쓰려고 합니다. 풀이 과정을 쓰고, 답을 구하세요.

> ㉠ 서른여섯　　㉡ 10개씩 묶음 4개와 낱개 2개인 수

(1단계) ㉠, ㉡을 수로 나타내기

(2단계) 나타내는 수가 더 큰 것의 기호 쓰기

답

발전 **2-3** 나타내는 수가 가장 작은 것의 기호를 쓰려고 합니다. 풀이 과정을 쓰고, 답을 구하세요.

> ㉠ 16　　　　　　　㉡ 스물여덟
> ㉢ 10개씩 묶음 2개와 낱개 6개인 수

(1단계) ㉠, ㉡, ㉢을 수로 나타내기

(2단계) 나타내는 수가 가장 작은 것의 기호 쓰기

답

> ⊙ 전체의 수 구하기

3 밤을 한 봉지에 10개씩 담았더니 2봉지가 되고 3개가 남았습니다. 밤은 모두 몇 개인지 풀이 과정을 쓰고, 답을 구하세요.

조건 정리

• 밤을 10개씩 담은 봉지의 수: ☐

• 한 봉지에 10개씩 담고 남은 밤의 수: ☐

풀이 ❶ 봉지에 담은 밤은 10개씩 묶음 몇 개인지 구하기

10개씩 ☐ 봉지의 수는 10개씩 묶음 ☐ 개와 같습니다.

❷ 밤은 모두 몇 개인지 구하기

10개씩 묶음 ☐ 개와 낱개 3개는 ☐ 이므로

밤은 모두 ☐ 개입니다.

밤은 10개씩 묶음 몇 개와 낱개 몇 개인지가 포함되도록 풀이를 써야 해.

답 ☐ 개

유사 **3-1** 색종이를 10장씩 묶었더니 3묶음이 되고 9장이 남았습니다. **색종이는 모두 몇 장인지** 풀이 과정을 쓰고, 답을 구하세요.

풀이

답

발전 **3-2** 공책이 10권씩 3묶음과 낱개 12권이 있습니다. **공책은 모두 몇 권인지** 풀이 과정을 쓰고, 답을 구하세요.

1단계 12는 10개씩 묶음 몇 개와 낱개 몇 개인지 구하기

2단계 공책은 모두 몇 권인지 구하기

답

발전 **3-3** 복숭아 26개를 한 상자에 10개씩 담을 때 **복숭아는 몇 상자가 되고, 몇 개가 남는지** 차례로 쓰려고 합니다. 풀이 과정을 쓰고, 답을 구하세요.

1단계 26은 10개씩 묶음 몇 개와 낱개 몇 개인지 구하기

2단계 복숭아는 몇 상자가 되고, 몇 개가 남는지 구하기

답   ,

⊙ 조건을 만족하는 수 구하기

4 조건을 만족하는 수를 구하려고 합니다. 풀이 과정을 쓰고, 답을 구하세요.

> • 10과 20 사이에 있는 수입니다.
> • 낱개의 수는 5입니다.

조건 정리

• 10과 ☐ 사이에 있는 수

• 낱개의 수: ☐

풀이 ❶ 10개씩 묶음의 수 구하기

10과 ☐ 사이에 있는 수이므로 10개씩 묶음의 수는 ☐ 입니다.

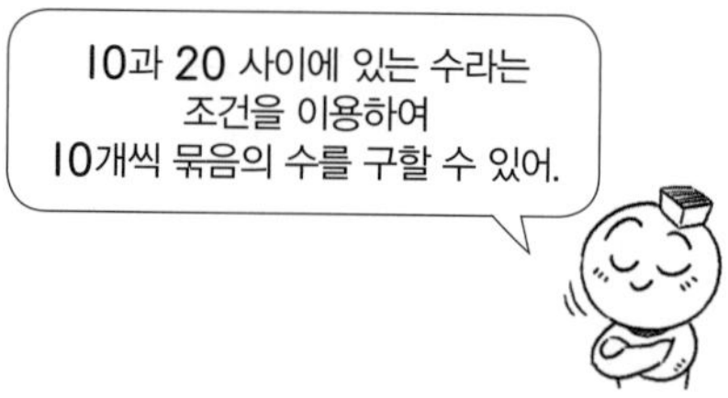

> 10과 20 사이에 있는 수라는
> 조건을 이용하여
> 10개씩 묶음의 수를 구할 수 있어.

❷ 조건을 만족하는 수 구하기

낱개의 수가 ☐ 이므로 조건을 만족하는 수는 ☐ 입니다.

답 ☐

유사 4-1 조건을 만족하는 수를 구하려고 합니다. 풀이 과정을 쓰고, 답을 구하세요.

> • **30**과 **40** 사이에 있는 수입니다.
> • 낱개의 수는 **8**입니다.

풀이

답

발전 4-2 조건을 만족하는 수를 모두 구하려고 합니다. 풀이 과정을 쓰고, 답을 구하세요.

> • **10**과 **30** 사이에 있는 수입니다.
> • 낱개의 수는 **4**입니다.

1단계 10개씩 묶음의 수 구하기

2단계 조건을 만족하는 수 모두 구하기

답

발전 4-3 조건을 만족하는 수를 구하려고 합니다. 풀이 과정을 쓰고, 답을 구하세요.

> • **42**와 **47** 사이에 있는 수입니다.
> • 낱개의 수는 **7**보다 **1**만큼 더 작습니다.

1단계 10개씩 묶음의 수 구하기

2단계 조건을 만족하는 수 구하기

답

1 미연이는 딱지 14장을 친구와 똑같이 나누어 가지려고 합니다. 한 사람이 몇 장씩 가질 수 있는지 풀이 과정을 쓰고, 답을 구하세요.

풀이

답

2 성우는 귤 11개를 동생과 나누어 먹으려고 합니다. 귤을 적어도 1개씩은 먹을 때 성우가 동생보다 더 많이 먹는 경우는 모두 몇 가지인지 풀이 과정을 쓰고, 답을 구하세요.

풀이

답

3 나타내는 수가 더 큰 것의 기호를 쓰려고 합니다. 풀이 과정을 쓰고, 답을 구하세요.

> ㉠ 스물일곱
> ㉡ 10개씩 묶음 1개와 낱개 9개인 수

풀이

답

4 나타내는 수가 가장 작은 것의 기호를 쓰려고 합니다. 풀이 과정을 쓰고, 답을 구하세요.

> ㉠ 36   ㉡ 서른하나
> ㉢ 10개씩 묶음 2개와 낱개 3개인 수

풀이

답

5 지우개가 10개씩 묶음 2개와 낱개 18개가 있습니다. 지우개는 모두 몇 개인지 풀이 과정을 쓰고, 답을 구하세요.

풀이

답

6 호박 44개를 한 상자에 10개씩 담을 때 호박은 몇 상자가 되고, 몇 개가 남는지 차례로 쓰려고 합니다. 풀이 과정을 쓰고, 답을 구하세요.

풀이

답   ,

7 조건을 만족하는 수를 모두 구하려고 합니다. 풀이 과정을 쓰고, 답을 구하세요.

> • 20과 40 사이에 있는 수입니다.
> • 낱개의 수는 9입니다.

풀이

답

8 조건을 만족하는 수를 구하려고 합니다. 풀이 과정을 쓰고, 답을 구하세요.

> • 29와 35 사이에 있는 수입니다.
> • 낱개의 수는 4보다 1만큼 더 작습니다.

풀이

답

MEMO

독해의 핵심은 비문학

지문 분석으로 독해를 깊이 있게!

비문학 독해 | 1~6단계

올바른 문학 독서법

문학 갈래별 작품 이해를 풍성하게!

문학 독해 | 1~6단계

2023 NEW

결국은 어휘력

비문학 독해로 어휘 이해부터 어휘 확장까지!

어휘 X 독해 | 1~6단계

초등 문해력의 빠른시작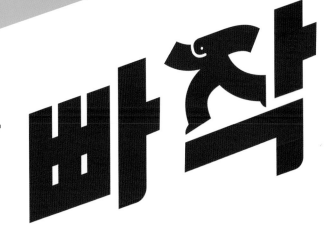

동아출판 ➲

큐브 유형

서술형 강화책 | 초등 수학 1·1

1 9까지의 수

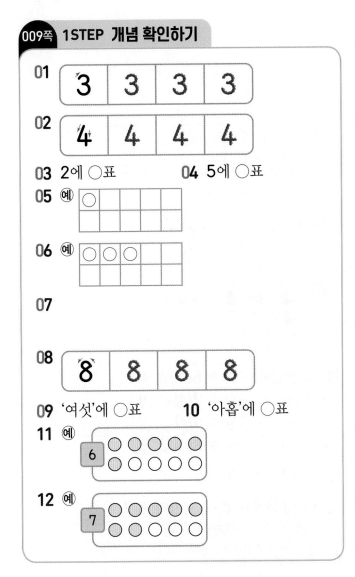

009쪽 1STEP 개념 확인하기

01 | 3 | 3 | 3 | 3 |

02 | 4 | 4 | 4 | 4 |

03 2에 ○표   04 5에 ○표

05 ⑩

06 ⑩

07

08 | 8 | 8 | 8 | 8 |

09 '여섯'에 ○표   10 '아홉'에 ○표

11 ⑩ 6

12 ⑩ 7

01 셋 또는 삼은 3이라고 씁니다.

02 넷 또는 사는 4라고 씁니다.

03 노란색 구슬의 수를 세어 보면 하나, 둘이므로 2입니다.

04 파란색 구슬의 수를 세어 보면 하나, 둘, 셋, 넷, 다섯이므로 5입니다.

05 1은 하나이므로 ○를 하나 그립니다.

06 3은 셋이므로 ○를 셋까지 세면서 그립니다.

07 6을 쓰는 순서에 맞게 씁니다.

08 8을 쓰는 순서에 맞게 씁니다.

09 지우개의 수를 세어 보면 하나, 둘, 셋, 넷, 다섯, 여섯입니다.

10 물감의 수를 세어 보면 하나, 둘, 셋, 넷, 다섯, 여섯, 일곱, 여덟, 아홉입니다.

11 6은 여섯이므로 여섯까지 세면서 색칠합니다.

12 7은 일곱이므로 일곱까지 세면서 색칠합니다.

010쪽 2STEP 유형 다잡기

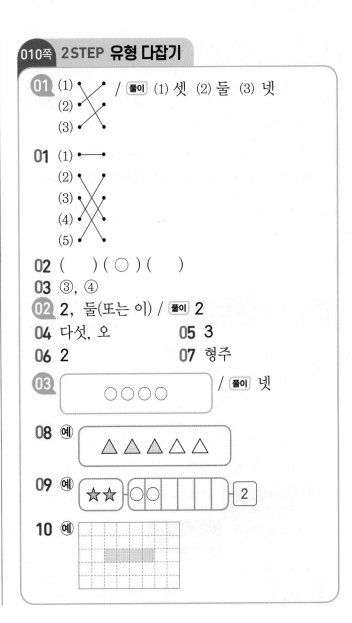

01 (1) (2) (3) / 풀이 (1) 셋 (2) 둘 (3) 넷

01 (1) (2) (3) (4) (5)

02 ( )(○)( )

03 ③, ④

02 2, 둘(또는 이) / 풀이 2

04 다섯, 오   05 3

06 2   07 형주

03 ○○○○ / 풀이 넷

08 ⑩ △△△△△

09 ⑩ ★★ ○○ [ ] [ ] 2

10 ⑩

01 (1) 고추의 수는 셋이므로 **3**입니다.
　　(2) 당근의 수는 하나이므로 **1**입니다.
　　(3) 파프리카의 수는 넷이므로 **4**입니다.
　　(4) 버섯의 수는 둘이므로 **2**입니다.
　　(5) 방울토마토의 수는 다섯이므로 **5**입니다.

02 점의 수를 세어 보면 왼쪽에서부터 **2, 4, 5**입니다.

03 클립의 수를 세어 보면 **2**(둘, 이)입니다.

04 **5**는 다섯 또는 오라고 읽습니다.

05 사탕의 수를 세어 보면 셋이므로 **3**입니다.

06 연필의 수를 세어 보면 둘이므로 **2**입니다.

07 구슬의 수를 셀 때에는 <u>한</u> 개, 두 개, 세 개로 셉니다.

08 아이스크림의 수는 셋이므로 셋까지 세면서 색칠합니다.

09 ☆의 수는 둘이므로 ○를 **2**개 그리고, **2**라고 씁니다.

10 하나, 둘, 셋, 넷까지 세어 색칠합니다.

> **채점 가이드** 답안에 제시된 모양과 달라도 **4**칸을 색칠했으면 정답으로 인정합니다.

012쪽 **2STEP 유형 다잡기**

04 (○) (　) / **풀이** 8, 6

11 (1)　　(2)　　(3)　　(4)

12 9, '아홉'에 ○표

13

05 6 / **풀이** 6

14 8, 7　　　　**15** 아홉, 구

---

16 **1단계** **예** 바나나의 수는 일곱이므로 **7**, 색연필의 수는 일곱이므로 **7**, 펼친 손가락의 수는 일곱이므로 **7**입니다. ▶ 3점
　　2단계 각 그림이 나타내는 수는 **7**입니다.
　　　　　　　　　　　　　　　　　　▶ 2점

　　답 7

17 아홉

06 **예**
/ **풀이** 7, 7

18

19 **예** 6 /

20

11 (1) 빨간색 구슬 ➜ **6**(여섯, 육)
　　(2) 파란색 구슬 ➜ **7**(일곱, 칠)
　　(3) 보라색 구슬 ➜ **9**(아홉, 구)
　　(4) 노란색 구슬 ➜ **8**(여덟, 팔)

12 우산의 수 ➜ **9**(아홉, 구)

13 • 무당벌레 ➜ **8** 　 • 잠자리 ➜ **7**
　　 • 벌 ➜ **9** 　 • 달팽이 ➜ **6**

14 팔 ➜ **8**, 일곱 ➜ **7**

15 **9**는 아홉 또는 구라고 읽습니다.

17 **9**마리 ➜ 아홉 마리

18 꽃의 수는 여덟이므로 여덟까지 세면서 ○를 그리고, □ 안에 **8**을 써넣습니다.

19 **6**을 쓰고 여섯까지 세면서 색칠합니다.

> **채점 가이드** 고른 수에 따라 정답이 달라집니다. 쓴 수와 색칠한 딸기의 수가 같으면 정답으로 인정합니다.

20 □ 안의 수는 **9**이므로 모자의 수는 **9**가 되어야 합니다. 모자가 여섯이므로 이어서 일곱, 여덟, 아홉까지 세면서 ○를 **3**개 더 그립니다.

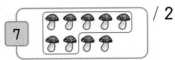

07 4 / **풀이** 4

21 3, 6   **22** 9

23 예

| | 7 | 🍄🍄🍄🍄🍄 🍄🍄🍄 | / 2 |

24 '둘', 2에 ○표   **25** 선희

26 예

08 3 / **풀이** 3

27 6, 7

28 예 운동장에 학생이 5명 있습니다.

09 '여덟'에 색칠 / **풀이** 8, 9, 여덟

29 준호

30 (1단계) 예 ㉠ 바둑돌의 수: 7, ㉡ 일곱: 7,
㉢ 사: 4 ▶ 3점

(2단계) 나타내는 수가 7이 아닌 것은 ㉢입니다. ▶ 2점

(답) ㉢

---

21 빨간 사과의 수는 셋이므로 3입니다.
초록 사과의 수는 여섯이므로 6입니다.

22 종류에 상관없이 전체 물고기 수를 셉니다.
물고기의 수는 아홉이므로 9입니다.

23 7은 일곱이므로 일곱까지 세면서 묶습니다.
묶지 않은 것의 수는 둘이므로 2입니다.

24 사분음표의 수는 둘입니다.
둘과 2에 ○표 합니다.

25 • 서 있는 학생의 수: 3
• 앉아 있는 학생의 수: 2
• 전체 학생의 수: 5
➡ 수를 잘못 센 사람은 선희입니다.

26 • 강아지: 네 마리 ➡ 4칸에 색칠
• 고양이: 두 마리 ➡ 2칸에 색칠
강아지와 고양이의 수를 이어서 세면
넷 하고 다섯, 여섯이므로 6칸에 색칠합니다.

---

27 그림에서 고양이는 6마리, 쥐는 7마리입니다.

28 (채점 가이드) '5', '운동장', '학생'을 모두 사용하여 이야기를 만들었으면 정답으로 인정합니다.

29 모두 수로 써 봅니다.

리아	준호	주경	도율
5	3	5	5

따라서 나타낸 수가 다른 사람은 준호입니다.

01 3, 5, 6   **02** 2, 4, 6

03 ⚫🔘⚫⚫⚫ ⚫⚫⚫⚫

04 💜💜💜💜 💜💜💜💜

05 '셋째'에 ○표   **06** '둘째'에 ○표

07 3   **08** 5

09 9   **10** 2

11 5   **12** 7

13 (위에서부터) 3, 4 / 6, 7

---

01 왼쪽에서부터 순서에 알맞은 수는 1, 2, 3, 4, 5, 6입니다.

02 왼쪽에서부터 순서에 알맞은 수는 1, 2, 3, 4, 5, 6입니다.

03 왼쪽에서부터 첫째, 둘째, 셋째, 넷째, 다섯째, 여섯째, 일곱째, 여덟째, 아홉째입니다.

05 노란색 크레파스: 왼쪽에서 셋째
(참고) 오른쪽에서는 일곱째입니다.

06 검은색 크레파스: 오른쪽에서 둘째
(참고) 왼쪽에서는 여덟째입니다.

07 수를 순서대로 쓰면 2, 3, 4입니다.

08 수를 순서대로 쓰면 5, 6, 7입니다.

유형책

1
단원

09 수를 순서대로 쓰면 **7**, **8**, **9**입니다.

10 수를 순서대로 쓸 때 **1** 다음 수는 **2**입니다.

11 수를 순서대로 쓸 때 **4** 다음 수는 **5**입니다.

12 수를 순서대로 쓸 때 **6** 다음 수는 **7**입니다.

13 수를 순서대로 쓰면 **1**, **2**, **3**, **4**, **5**, **6**, **7**, **8**입니다.

018쪽 **2STEP** 유형 다잡기

🔟 '넷째'에 ○표 / 풀이 넷째

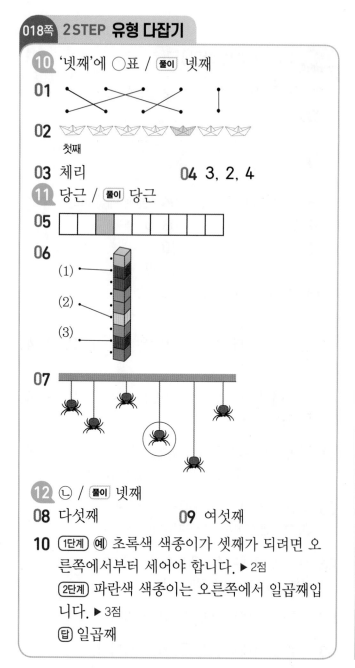

01

02 첫째

03 체리　　　　**04** 3, 2, 4

⓫ 당근 / 풀이 당근

05

06
(1)
(2)
(3)

07

⓬ ㉡ / 풀이 넷째

08 다섯째　　　　**09** 여섯째

10 [1단계] 예 초록색 색종이가 셋째가 되려면 오른쪽에서부터 세어야 합니다. ▶2점
[2단계] 파란색 색종이는 오른쪽에서 일곱째입니다. ▶3점
답 일곱째

---

01 앞에서부터 첫째, 둘째, 셋째, 넷째, 다섯째입니다.

02 왼쪽에서부터 첫째, 둘째, 셋째, 넷째, 다섯째, 여섯째, 일곱째입니다.

03 왼쪽에서부터 첫째, 둘째, 셋째, 넷째, 다섯째, 여섯째입니다. 따라서 셋째에 있는 과일은 체리입니다.

04 준호가 좋아하는 순서:
자동차(1), 자전거(2), 비행기(3), 배(4), 버스(5)
→ 비행기(3), 자동차(1), 버스(5), 자전거(2), 배(4)

05 오른쪽에서부터 차례로 순서를 세어 일곱째 칸에 색칠합니다.

06 (1) 위에서 둘째: 자주색 쌓기나무
(2) 아래에서 넷째: 노란색 쌓기나무
(3) 위에서 여덟째: 빨간색 쌓기나무

07 위에서부터 차례로 순서를 세어 다섯째 거미에 ○표 합니다.

08 왼쪽에서부터 차례로 순서를 세어 봅니다.
코끼리: 첫째, 기린: 둘째, 돼지: 셋째, 사자: 넷째, 토끼: 다섯째

09

첫째	둘째	셋째	넷째	다섯째	여섯째
○	○	○	○	○	●
				세희	나

020쪽 **2STEP** 유형 다잡기

⓭ 일곱째, 셋째 / 풀이 일곱, 셋

11 (위에서부터) 여덟째 / 여섯째, 넷째

12 셋째　　　　**13** 예 왼쪽, 넷

⓮ 에 ○표 / 풀이 넷째, 넷째

14 넷째   **15** 2마리

16 4명

15

4	♡ ♡ ♡ ♡ ♡ ♡ ♡ ♡
넷째	♡ ♡ ♡ ♡ ♡ ♡ ♡

/ 풀이 4, 1

17 '일곱째'에 ◯표 / '다섯째'에 ◯표 /
'셋'에 ◯표

18

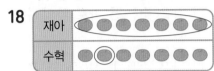

재아	
수혁	

19 1단계 예 주황색 블록이 아래에서 여섯째에
있는 것은 가와 나입니다. ▶3점

2단계 가와 나 중 블록이 7개인 것은 가입니
다. ▶2점

답 가

---

11 (왼쪽)   둘째   여섯째

5 **8** 2 6 1 **9** 3 4 7

     여덟째   넷째   (오른쪽)

12 위에서 넷째: 현호

현호는 아래에서 셋째입니다.

13 ♥표시가 된 칸은 왼쪽에서 넷째 또는 오른쪽에
서 둘째입니다.

채점 가이드 기준에 맞게 순서를 나타냈으면 정답으로 인정
합니다.

14 분홍색   빨간색

      넷째   (오른쪽)

15 (앞)   다섯째   여덟째

       2마리

16 (앞) 첫째   여섯째

◯ ◯ ◯ ◯ ◯ ◯ ◯

        4명

17 • 일곱째에 있는 ▽ 1개에만 색칠 ➜ 일곱째

• 다섯째에 있는 ◯ 1개에만 색칠 ➜ 다섯째

• ◇ 3개에 색칠 ➜ 셋

---

18 • 재아: 귤 7개에 ◯표

• 수혁: 왼쪽에서부터 둘째에 있는 귤 1개에만
◯표

16 8에 ◯표 / 풀이 8

20 (왼쪽에서부터) 3, 5, 6, 8

21

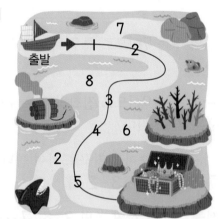

22

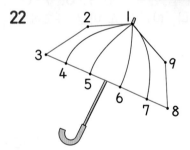

23 4   **24** 5

17 3, 8 / 풀이 3, 8

25 7번   **26** 9등

18 8, 6 / 풀이 8, 6

27 (위에서부터) 9, 7 / 6 / 1

28 3

29 1단계 예 9, 8, 7, 6, 5, 4, 3, 2, 1에서
셋째로 쓴 수는 7이고, 다섯째로 쓴 수는 5입니
다. ▶4점

2단계 따라서 바르게 말한 친구는 윤호입니다.

                     ▶1점

답 윤호

20 수를 순서대로 쓰면
1, 2, 3, 4, 5, 6, 7, 8, 9입니다.

21 1, 2, 3, 4, 5의 순서대로 길을 찾아 선으로 잇습니다.

22 1, 2, 3, 4, 5, 6, 7, 8, 9의 순서대로 잇습니다.

23 1부터 6까지의 수 카드이므로
1, 2, 3, 4, 5, 6 중 없는 수를 찾습니다.
따라서 빈 카드에 알맞은 수는 4입니다.

24 3부터 수를 순서대로 쓰면 3, 4, 5, 6, 7, 8입니다. 따라서 연지가 들고 있는 카드의 수는 5입니다.

25 6 바로 뒤의 수는 7이므로 현우 바로 뒤의 번호는 7번입니다.

26 8 바로 뒤의 수는 9이므로 진희의 바로 뒤에 들어온 친구는 9등입니다.

27 9부터 1까지 수의 순서를 거꾸로 하여 씁니다.
⑨-8-⑦-⑥-5-4-3-2-①

28 수의 순서를 거꾸로 하여 쓰면 9, 8, 7, 6, 5, 4, 3, 2, 1입니다. 따라서 4 바로 다음에 세는 수는 3입니다.

01 3보다 1만큼 더 작은 수: 3 바로 앞의 수 → 2
3보다 1만큼 더 큰 수: 3 바로 뒤의 수 → 4

02 6보다 1만큼 더 작은 수: 6 바로 앞의 수 → 5
6보다 1만큼 더 큰 수: 6 바로 뒤의 수 → 7

03 2보다 1만큼 더 큰 수는 2 바로 뒤의 수인 3입니다.

04 5보다 1만큼 더 작은 수는 5 바로 앞의 수인 4입니다.

05 2보다 1만큼 더 작은 수는 1, 1만큼 더 큰 수는 3입니다.

06 8보다 1만큼 더 작은 수는 7, 1만큼 더 큰 수는 9입니다.

07 아무것도 없는 것을 0이라고 합니다.

09 벌이 나비보다 많으므로 5는 2보다 큽니다.

10 빵이 우유보다 많으므로 7은 6보다 큽니다.

11 수를 순서대로 쓸 때 1은 4보다 앞에 있는 수이므로 1은 4보다 작습니다.

12 수를 순서대로 쓸 때 3은 8보다 앞에 있는 수이므로 3은 8보다 작습니다.

025쪽 **1STEP 개념 확인하기**

01 2, 4
02 5, 7
03 3
04 4
05 1, 3
06 7, 9
07 1, 0
08 0, 1, 2
09 5에 ○표
10 7에 ○표
11 1에 △표
12 3에 △표

026쪽 **2STEP 유형 다잡기**

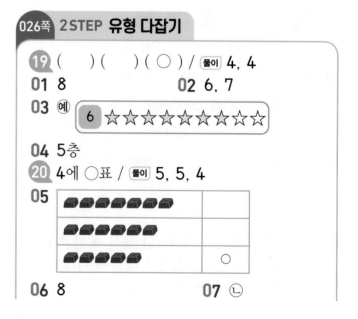

19 ( )( )(○) / 풀이 4, 4
01 8   **02** 6, 7
03 예
| 6 | ☆☆☆☆☆☆☆☆☆ |

04 5층
20 4에 ○표 / 풀이 5, 5, 4
05

🍫🍫🍫🍫🍫🍫🍫	
🍫🍫🍫🍫🍫🍫🍫	
🍫🍫🍫🍫🍫	○

06 8   **07** ㉡

08 1단계 예 8보다 1만큼 더 작은 수는 7입니다. ▶3점

2단계 따라서 수호가 가지고 있는 구슬은 7개입니다. ▶2점

답 7개

21 2, 4 / 풀이 3, 3, 4, 3, 2

09 ④ ⑤ ⑥ ⑦ ⑧ ⑨

10 지아   **11** 4, 6

---

01 참외의 수는 7입니다. 7보다 1만큼 더 큰 수는 7 바로 뒤의 수인 8입니다.

02 5보다 1만큼 더 큰 수는 5 바로 뒤의 수인 6이고, 6보다 1만큼 더 큰 수는 6 바로 뒤의 수인 7입니다.

03 6보다 1만큼 더 큰 수는 6 바로 뒤의 수인 7입니다. 일곱까지 세면서 색칠합니다.

주의 왼쪽의 수가 6이라고 6만큼 색칠하지 않도록 주의합니다.

04 4보다 1만큼 더 큰 수는 5이므로 지혜네 집은 5층입니다.

05 6보다 1만큼 더 작은 수는 6 바로 앞의 수인 5입니다. 초콜릿의 수가 5인 것에 ○표 합니다.

06 9보다 1만큼 더 작은 수는 9 바로 앞의 수인 8입니다.

07 자동차의 수: 4
㉠ 4보다 1만큼 더 작은 수: 3
㉡ 5보다 1만큼 더 작은 수: 4
따라서 자동차의 수를 바르게 나타낸 것은 ㉡입니다.

09 • 7보다 1만큼 더 작은 수 ➔ 6에 빨간색
• 7보다 1만큼 더 큰 수 ➔ 8에 파란색

10 민주: 6보다 1만큼 더 큰 수 ➔ 7
정훈: 4보다 1만큼 더 작은 수 ➔ 3
지아: 6보다 1만큼 더 작은 수 ➔ 5
따라서 5를 바르게 설명한 친구는 지아입니다.

---

11 • 5보다 1만큼 더 작은 수는 4이므로 어제의 기록은 4번입니다.
• 5보다 1만큼 더 큰 수는 6이므로 내일의 목표는 6번입니다.

028쪽 2STEP 유형 다잡기

22 7 / 풀이 6, 7

12 4, 8   **13** 2자루

14 5명

23 2, 0, 1 / 풀이 2, 0, 1

15 0   **16** ㉡, ㉣

17 0명   **18** 0개

24 '작습니다'에 ○표 /
풀이 '적습니다'에 ○표, '작습니다'에 ○표

19

○	△

20 6, 2   **21** (○) (   )

22 3, 딸기

23 예

/ 4, 5

/ 예 4, 5

---

12 • 6보다 1만큼 더 큰 수는 7, 7보다 1만큼 더 큰 수는 8입니다.
➔ 6보다 2만큼 더 큰 수: 8
• 6보다 1만큼 더 작은 수는 5, 5보다 1만큼 더 작은 수는 4입니다.
➔ 6보다 2만큼 더 작은 수: 4

13 연필의 수: 4
4부터 수를 거꾸로 세면 4, 3, 2이므로 4보다 2만큼 더 작은 수는 2입니다.
따라서 크레파스는 2자루입니다.

14 3, 4, 5이므로 3보다 2만큼 더 큰 수는 5입니다.
따라서 놀이터에 있는 남학생은 5명입니다.

15 1보다 1만큼 더 작은 수는 0입니다.

1. 9까지의 수 **07**

16 바구니 안에는 아무것도 없으므로 사과 수는 **0**입니다. **0**은 영이라고 읽습니다.

17 안경을 쓴 친구는 없으므로 **0**명입니다.

18 동생에게 구슬을 모두 주었으므로 남은 구슬은 없습니다. 따라서 남은 구슬은 **0**개입니다.

19 장미의 수는 **4**, 튤립의 수는 **3**입니다.
→ 장미는 튤립보다 많습니다.
→ 튤립은 장미보다 적습니다.

20 • 무의 수: **6**   • 배추의 수: **2**
무가 배추보다 많으므로 **6**은 **2**보다 큽니다.

21 • 치약의 수: **4**
• 칫솔의 수: **3**
• 빗의 수: **5**
따라서 치약보다 개수가 적은 것은 칫솔입니다.

22 딸기의 수: **7**, 토마토의 수: **3**
→ **7**은 **3**보다 큽니다.
→ 딸기는 토마토보다 더 많습니다.

23 빨간색의 수: **4**, 파란색의 수: **5**
→ **4**는 **5**보다 작습니다.
(채점 가이드) 색칠한 수에 맞게 두 수의 크기를 비교했으면 정답으로 인정합니다.

030쪽 **2STEP 유형 다잡기**

25 **5**에 ○표 / (풀이) **5**

24 (예) 7 □■■■■■□ /
6 □■■■■□□□
'큽니다'에 ○표, '작습니다'에 ○표

25 **3**에 △표, **8**에 ○표
26 (×)   **27** ㉡
    (   )
26 **6, 2** / (풀이) **2, 6, 4, 6, 2**

28

〇〇〇〇〇〇〇〇〇	⑨
〇〇〇〇〇	5
〇	1

29 **4, 2, 8 / 8, 2**
27 **6**에 ○표 / (풀이) **3, 6, 6**
30 (예)

6	○ ○ ○ ○ ○ ○		
3	○ ○ ○		
7	○ ○ ○ ○ ○ ○ ○		

/ **7, 3**

31 (1) **0, 4, 9** (2) **9** (3) **0**
32 '칠'에 ○표
33 (예)

(6) (3) (7) (4)
(1) (8) (2) (5)

/ (예) **1, 3, 8**

34 **6, 5, 3, 1**

---

24 • 색칠한 칸을 비교하면 **7**칸은 **6**칸보다 많습니다.
→ **7**은 **6**보다 큽니다.
• 색칠한 칸을 비교하면 **6**칸은 **7**칸보다 적습니다.
→ **6**은 **7**보다 작습니다.

25 **3**과 **8**만큼 ▲를 그려 봅니다.

3	▲▲▲	더 적다. → 더 작은 수 (△)
8	▲▲▲▲▲▲▲▲	더 많다. → 더 큰 수 (○)

26 수만큼 그림을 그려서 크기를 비교해 봅니다.
• **1**(▲)은 **2**(▲▲)보다 작습니다.
• **4**(●●●●)는 **9**(●●●●●●●●●)보다 작습니다.

27 ㉠ **7**보다 **1**만큼 더 작은 수: **6**(▲▲▲▲▲▲)
㉡ **4**보다 **1**만큼 더 큰 수: **5**(▲▲▲▲▲)
6과 **5** 중에서 더 작은 수는 **5**입니다.
→ 더 작은 수의 기호: ㉡

28 파란색 클립의 수는 **9**, 검은색 클립의 수는 **5**, 빨간색 클립의 수는 **1**입니다.
가장 큰 수: 가장 많은 클립의 수 → **9**

29 사과의 수는 **4**, 배의 수는 **2**, 귤의 수는 **8**입니다. 따라서 가장 큰 수는 **8**이고, 가장 작은 수는 **2**입니다.

30 가장 큰 수: ○의 수가 가장 많은 것 ➜ **7**
가장 작은 수: ○의 수가 가장 적은 것 ➜ **3**

31 수를 작은 것부터 차례로 쓰면 **0, 4, 9**입니다. 따라서 가장 큰 수는 **9**이고, 가장 작은 수는 **0**입니다.

32 다섯: **5**, 둘: **2**, 칠: **7**
5, 2, 7을 작은 것부터 차례로 쓰면
2(둘), **5**(다섯), **7**(칠)이므로 가장 큰 수를 나타내는 '칠'에 ○표 합니다.

33 고른 세 수: **3, 1, 8**
작은 것부터 차례로 쓰면 **1, 3, 8**입니다.
채점 가이드 고른 세 수의 크기를 비교하여 작은 수부터 차례로 썼으면 정답으로 인정합니다.

34 수의 순서를 거꾸로 하여 큰 수부터 차례로 쓰면 **6, 5, 3, 1**입니다.

032쪽 **2STEP 유형 다잡기**

㉘ 젤리 / 풀이 **5, 6, 6**, 젤리

35 1단계 예 동물의 수를 작은 것부터 차례로 쓰면 **4, 5, 8**입니다. ▶3점
2단계 가장 작은 수는 **4**이므로 가장 적은 동물은 돼지입니다. ▶2점
답 돼지

36 준수   **37** 거미

㉙ **8, 9** / 풀이 **4, 8, 9**

38 ⬚ 1 ⬚ 2 ⬚ 3 ⬚ 4 ⬚ 5 ⬚ 6

39 **8**에 ○표

---

40   **41** 6

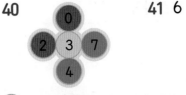

㉚ **6** / 풀이 **3, 4, 5, 6** / **6**

42 **9**   **43** **6, 7**

44 ⑴ **3, 4, 5, 6, 7** ⑵ **4, 5**

---

36 준수가 읽은 책 수: **6**보다 **1**만큼 더 작은 수 ➜ **5**
4와 **5** 중에서 더 큰 수는 **5**이므로 책을 더 많이 읽은 사람은 준수입니다.

37 다리의 수 **4, 6, 8, 2**를 작은 수부터 차례로 쓰면 **2**(오리), **4**(개구리), **6**(사마귀), **8**(거미)입니다. 가장 큰 수는 **8**이므로 다리 수가 가장 많은 것은 거미입니다.

38 수를 순서대로 쓸 때 **4**보다 작은 수는 **4** 앞의 수이므로 **1, 2, 3**입니다.
주의 **4**보다 작은 수에 **4**는 포함되지 않습니다.

39 **7**을 포함하여 수를 작은 것부터 차례로 쓰면
2, 6, 7, 8입니다.
따라서 **7**보다 큰 수는 **8**입니다.

40 가운데 수: **3**
• **3**보다 작은 수: **0, 2** ➜ 빨간색
• **3**보다 큰 수: **4, 7** ➜ 파란색

41 수를 작은 것부터 차례로 쓰면 **2, 5, 6, 8**이므로 **5**보다 크고 **8**보다 작은 수는 **6**입니다.

42 **7**보다 **1**만큼 더 큰 수: **8**
8은 **9**보다 **1**만큼 더 작은 수이므로 □ 안에 알맞은 수는 **9**입니다.

43 **3**과 **8** 사이에 있는 수: **4, 5, 6, 7**
➜ 이 중 **5**보다 큰 수: **6, 7**

44 ⑴ **2**와 **8** 사이에 있는 수를 순서대로 쓰면 **3, 4, 5, 6, 7**입니다.
⑵ ⑴에서 구한 수 중 **3**보다 큰 수는 **4, 5, 6, 7**이고 이 중 **6**보다 작은 수는 **4, 5**입니다. 따라서 두 조건을 만족하는 수는 **4, 5**입니다.

1 일곱째

2 5

3
❶ 가위, 바위, 보 중에서 영훈이가 낸 것 구하기 ▶ 2점
❷ 두 사람이 펼친 손가락의 수 구하기 ▶ 3점

(예) ❶ 주희가 가위를 내어 이겼으므로 영훈이는 보를 냈습니다.
❷ 따라서 가위와 보에서 펼친 손가락의 수를 모두 세면 7입니다.
(답) 7

4 셋째

5
❶ 딱지의 수를 작은 수부터 차례로 쓰기 ▶ 3점
❷ 딱지를 둘째로 적게 가지고 있는 친구 구하기 ▶ 2점

(예) ❶ 딱지의 수를 작은 수부터 차례로 쓰면 3, 5, 6, 8입니다.
❷ 3, 5, 6, 8 중에서 둘째에 있는 수는 5이므로 딱지를 둘째로 적게 가지고 있는 친구는 5장을 가지고 있는 경수입니다.
(답) 경수

6 7권

7 (1) 6, 7, 8, 9
(2) 1, 2, 3, 4, 5, 6, 7
(3) 6, 7

8 (1) 6명 (2) 4명 (3) 여학생

---

1 8명 중 뒤에서 둘째를 그림으로 나타내어 봅니다.
(앞) ○ ○ ○ ○ ○ ○ ● ○ (뒤)
          은서
→ 뒤에서 둘째는 앞에서 일곱째입니다.

2 주어진 수를 작은 수부터 차례로 쓰면 1, 2, 4, 5, 7, 9입니다.
따라서 넷째로 작은 수는 5입니다.

4 수 카드를 작은 수부터 차례로 쓰면 0, 2, 3, 4, 5, 7, 8이므로 가장 큰 수는 8입니다.
8은 오른쪽에서 셋째입니다.

셋째   (오른쪽)

---

6 (위) 첫째
둘째
셋째
넷째
다섯째 [동화책] 셋째
둘째
첫째 (아래)

→ 현수가 쌓은 책: 7권

7 (1) 5는 ㉠보다 작으므로 ㉠은 5보다 큽니다.
→ ㉠에 들어갈 수 있는 수: 6, 7, 8, 9
(2) ㉡은 8보다 작습니다.
→ ㉡에 들어갈 수 있는 수:
1, 2, 3, 4, 5, 6, 7
(3) ㉠과 ㉡에 공통으로 들어갈 수 있는 수:
6, 7

8 (1) 4보다 1만큼 더 큰 수는 5이고, 5보다 1만큼 더 큰 수는 6이므로 지금 놀이터에 있는 여학생은 6명입니다.
(2) 5보다 1만큼 더 작은 수는 4이므로 지금 놀이터에 있는 남학생은 4명입니다.
(3) 6은 4보다 더 크므로 지금 놀이터에 여학생이 더 많습니다.

01 3에 ○표

02 (예)

○	○	○	○	○
○				

03 8 / 여덟, 팔

04 2, 1, 0

05

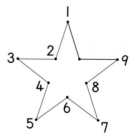

06 7, 9 / '작습니다'에 ○표

07

5	⊘⊘⊘⊘⊘⊘⊘⊘⊘⊘
다섯째	⊘⊘⊘⊘⊘⊘⊘⊘⊘⊘

08 2, 4   **09** 7에 ○표

10 일곱째   **11** 검은색

12 7, 6, 4, 2

13 7에 ○표, 2에 △표

14

❶ ㉠, ㉡, ㉢을 수로 나타내기 ▶ 3점
❷ 나타내는 수가 다른 하나의 기호 쓰기 ▶ 2점

예 ❶ ㉠ 여덟: 8, ㉡ 육: 6, ㉢ 팔: 8
❷ ㉠과 ㉢은 8을 나타내므로 나타내는 수
가 다른 하나의 기호는 ㉡입니다.
답 ㉡

15 5번

16

❶ 7과 5의 크기 비교하기 ▶ 3점
❷ 더 많은 것 구하기 ▶ 2점

예 ❶ 7과 5 중에서 더 큰 수는 7입니다.
❷ 따라서 나비와 잠자리 중에 더 많은 것은
나비입니다.
답 나비

17 미나   **18** 넷째

19

❶ 현재 지유네 가족 수 구하기 ▶ 3점
❷ 현재 가족 수보다 I만큼 더 큰 수 구하기 ▶ 2점

예 ❶ 현재 지유네 가족은 3명입니다.
❷ 3보다 I만큼 더 큰 수는 4이므로 동생이
태어나면 지유네 가족은 4명이 됩니다.
답 4명

20 4

01 사과의 수를 세면 하나, 둘, 셋입니다. ➔ 3

02 6이므로 ○를 6개 그립니다.

03 단추의 수를 세면 하나, 둘, 셋, ..., 일곱, 여덟
입니다. ➔ 8(여덟, 팔)

04 물고기가 둘이면 2, 하나이면 I, 아무것도 없으
면 0입니다.

05 I부터 9까지의 수를 순서대로 이으면 별 모양이
완성됩니다.

06 가위의 수: 7, 풀의 수: 9
➔ 가위는 풀보다 적으므로 7은 9보다 작습니다.

07 • 5: 왼쪽에서부터 5개에 모두 색칠
• 다섯째: 왼쪽에서 다섯째에 있는 I개에만 색칠

08 3보다 I만큼 더 작은 수는 2, I만큼 더 큰 수는
4입니다.

09 축구공의 수: 6 ➔ 6보다 I만큼 더 큰 수: 7

10

	(위에서)
분홍색	첫째
남색	둘째
보라색	셋째
검은색	넷째
파란색	다섯째
초록색	여섯째
노란색	일곱째
주황색	여덟째
빨간색	아홉째

노란색 책은 위에서 일곱째입니다.

11 아래에서부터 순서를 세면 빨간색(I), 주황색
(2), 노란색(3), 초록색(4), 파란색(5), 검은색
(6)이므로 아래에서 여섯째에 있는 책은 검은색
입니다.

12 9부터 I까지 수의 순서를 거꾸로 씁니다.
9 - 8 - 7 - 6 - 5 - 4 - 3 - 2 - I

13 7, 2, 3을 수의 순서대로 쓰면 2, 3, 7이므로
가장 큰 수는 7, 가장 작은 수는 2입니다.

15 4 - 5 - 6 ➔ 4와 6 사이에 있는 수: 5

17 현우의 초콜릿 수: 6
미나의 초콜릿 수: 6보다 I만큼 더 큰 수 ➔ 7
준호의 초콜릿 수: 6보다 I만큼 더 작은 수 ➔ 5
6, 7, 5 중에서 가장 큰 수는 7이므로 초콜릿
을 가장 많이 가지고 있는 사람은 미나입니다.

18 ○○○○○ 우성 ○○○
　　　5명　　　넷째　　　(뒤)
따라서 우성이는 뒤에서 넷째입니다.

20 수 카드의 수를 큰 수부터 순서대로 쓰면
9 - 8 - 5 - 4 - 2 - 0입니다.
따라서 뒤에서 셋째에 놓이는 수는 4입니다.

2 여러 가지 모양

01 에 ○표

02 에 ○표

03 에 ○표

04 에 ○표

05 에 ○표

06 에 ○표   **07** ×

08 ○   **09** ○

10 I   **11** 4

---

01 모양은 과자 상자입니다.

02 모양은 통조림통입니다.

03 모양은 축구공입니다.

04 풀은 모양입니다.

05 사전은 모양입니다.

06 수박은 모양입니다.

07 모양은 평평한 부분이 없으므로 쌓을 수 없습니다.

08 모양은 평평한 부분과 둥근 부분이 있습니다.

09 모양은 평평한 부분과 뾰족한 부분이 있습니다.

10 모양 3개, 모양 I개를 사용하여 만들었습니다.

11 모양 2개, 모양 4개를 사용하여 만들었습니다.

01 (○) (□) (△) /
풀이 에 ○표, 에 ○표, 에 ○표

01 ( ) ( ) (○)

02 ㉡

03 (□) (○) (△)
(□) (△) (□)

04 3개   **05** 예 케이크, 건전지

02 (△) ( ) /   **풀이** 에 ○표, 에 ○표

06 에 ○표   **07** ㉢

08 체중계   **09** ( ) (△) ( )

03 에 ○표 /   **풀이** 에 ○표

---

01 • 음료수 캔: 모양   • 풍선: 모양
• 서랍장: 모양 (○)

02 ㉠ 모양 ㉡ 모양 ㉢ 모양
따라서 모양이 아닌 것은 ㉡입니다.

03 • 모양: 선물 상자, 구급상자, 휴지 상자
• 모양: 두루마리 휴지, 휴지통
• 모양: 테니스공

04 모양: 구슬, 실뭉치, 배구공 ➜ 3개

05 채점 가이드 물건의 모양이 모양인 것을 썼으면 모두 정답으로 인정합니다.

06 탬버린은 모양입니다.

07 주어진 과자 상자는 모양입니다.
㉠ 모양 ㉡ 모양 ㉢ 모양
따라서 주어진 물건과 같은 모양은 ㉢입니다.

08 오른쪽 물건은 모양입니다.
골프공, 풍선: 모양
체중계: 모양
따라서 오른쪽 물건과 모양이 다른 물건은 체중계입니다.

09 나무토막, 풀: ▢ 모양, 냉장고: ▱ 모양
따라서 모양이 다른 물건은 냉장고입니다.

10 (1) •　　•
(2) •　　•
(3) •　　•
(선 연결)

11 (　　) (○)

12 ㉡, ㉣ / ㉢, ㉤ / ㉠, ㉥

13 2개

④ ▱에 ○표 / **풀이** 3, 2, 1

14 ㉢　　　　　**15** 4개

⑤ ⬭에 ○표 / **풀이** ▱, ⬭에 ○표 / ⬭, ●에 ○표 / ⬭에 ○표

16 ㉢　　　　　**17** ⬭에 ○표

18 (　　) (　　) (○)

19 **1단계** **예** 둥근 부분이 없는 모양은 ▱ 모양입니다.　　▶2점
2단계 ▱ 모양의 물건은 주사위, 나무토막으로 모두 2개입니다.　　▶3점
답 2개

10 (1) 떡, 크레파스 상자: ▱ 모양
(2) 음료수 캔, 북: ⬭ 모양
(3) 당구공, 토마토: ● 모양

11 구슬, 오렌지: ● 모양, 김밥: ⬭ 모양
통조림통, 연필꽂이, 저금통: ⬭ 모양

12 ▱ 모양: ㉡ 큐브, ㉣ 가방
⬭ 모양: ㉢ 초, ㉤ 페인트 통
● 모양: ㉠ 지구본, ㉥ 축구공

13 ⬭ 모양: 딸기잼 병, 선물 상자 ➔ 2개

14 ▱ 모양: 지우개, 과자 상자 ➔ 2개
⬭ 모양: 김밥, 화분, 도장, 파이 ➔ 4개
● 모양: 볼링공 ➔ 1개

15 ▱ 모양: 서랍장, 선물 상자, 세탁기, 어항 ➔ 4개
⬭ 모양: 두루마리 휴지, 휴지통, 풀 ➔ 3개
● 모양: 구슬 ➔ 1개
따라서 가장 많은 모양은 ▱ 모양으로 4개입니다.

16 ● 모양은 모든 부분이 둥급니다.

17 각 모양의 평평한 부분의 수를 알아봅니다.
▱ 모양: 6개, ⬭ 모양: 2개, ● 모양: 0개

18 뾰족한 부분이 있는 모양은 ▱ 모양입니다.
▱ 모양은 휴지 상자입니다.

⑥ ⬭, ●에 ○표 / **풀이** ⬭, ●에 ○표

20 (1) •　　•
(2) •　　•
(선 연결)

21 **1단계** **예** 잘 쌓을 수 있는 물건은 통조림통과 벽돌입니다.　　▶3점
2단계 따라서 잘 쌓을 수 있는 물건은 모두 2개입니다.　　▶2점
답 2개

22 **예** 농구공, 구슬

⑦ ㉡ /
풀이 '굴러갑니다'에 ○표, '없습니다'에 ○표

23 (　　)　　　　**24** 선주
(○)

25 **예** ⬭에 ○표 / ⬭ 모양은 평평한 부분이 있어서 잘 쌓을 수 있고 둥근 부분이 있어서 잘 굴러갑니다.

⑧ ▱에 ○표 /
풀이 '평평한'에 ○표, '뾰족한'에 ○표, ▱에 ○표

26 (1) •　　•　　　**27** ㉢
(2) •　　•
(선 연결)　　　　**28** 3개

20 (1) 세우면 잘 쌓을 수 있고 눕히면 잘 굴러가는 모양은 ⬛ 모양입니다.

(2) 잘 쌓을 수 있지만 잘 굴러가지 않는 모양은 ⬛ 모양입니다.

22 쌓을 수 없지만 잘 굴러가는 모양: ⬤ 모양

주변에서 찾을 수 있는 ⬤ 모양은 농구공, 구슬 등이 있습니다.

23 모은 물건은 ⬤ 모양입니다.

⬤ 모양은 쌓을 수 없고, 잘 굴러갑니다.

24 ⬛ 모양의 물건에는 둥근 부분이 없습니다. 따라서 잘못 설명한 친구는 선주입니다.

25 채점 가이드 선택한 모양의 특징을 바르게 썼으면 정답으로 인정합니다.

26 (1) 둥근 부분만 보이므로 ⬤ 모양입니다.

(2) 평평한 부분과 둥근 부분이 보이므로 ⬛ 모양입니다.

27 평평한 부분과 둥근 부분이 보이므로 ⬛ 모양입니다.

⬛ 모양의 물건을 찾으면 ㉢ 음료수 캔입니다.

28 둥근 부분만 보이므로 ⬤ 모양입니다.

⬤ 모양의 물건을 찾으면 멜론, 오렌지, 테니스공으로 모두 **3**개입니다.

050쪽 2 STEP 유형 다잡기

09 예 자동차 바퀴가 ⬛ 모양이라면 잘 굴러가지 않을 것입니다. / 풀이 '둥근'에 ◯표, '굴러가지 않습니다'에 ◯표

29 예 잘 굴러가므로 의자에 앉을 수 없을 것입니다.

30 예 잘 굴러가지 않으므로 볼링공을 굴릴 수 없을 것입니다.

10 (◯) ( ) / 풀이 ⬛에 ◯표 / ⬛, ⬛에 ◯표

31 (1) •——•
(2) •——•

32 민주

11 ⬤에 ◯표 / 풀이 ⬛, ⬛에 ◯표 / ⬤에 ◯표

33 ⬛, ⬤에 ◯표

34

35 1단계 예 왼쪽 모양은 ⬛ 모양과 ⬛ 모양, 오른쪽 모양은 ⬛ 모양과 ⬤ 모양을 사용했습니다. ▶ 4점

2단계 두 모양을 만드는 데 모두 사용한 모양은 ⬛ 모양이므로 ㉡입니다. ▶ 1점

답 ㉡

36

29 다른 풀이 ⬤ 모양은 평평한 부분이 없으므로 의자에 앉을 수 없을 것입니다.

30 다른 풀이 ⬛ 모양은 둥근 부분이 없어 굴릴 수 없을 것입니다.

31 (1) ⬛ 모양을 사용하여 만들었습니다.

(2) ⬤ 모양을 사용하여 만들었습니다.

32 ⬛ 모양만 사용하여 만든 모양입니다.

33 주어진 모양은 ⬛ 모양과 ⬤ 모양을 사용하여 만들었습니다.

34 ⬛ 모양은 초록색, ⬛ 모양은 분홍색, ⬤ 모양은 노란색으로 색칠합니다.

36 하늘색 ⬤ 모양 ➡ ⬛ 모양

연두색 ⬛ 모양 ➡ ⬛ 모양

12 2개, 4개, 1개 / 풀이 2, 4, 1

37 7개　　　　　　　38 🟫에 ○표

39 가

13 (○) (　) /
풀이 🟫, 🟠에 ○표, 🟫, 🔵에 ○표

40 (○) (　)

41 1단계 예 🟫 모양 1개, 🟠 모양 3개를 사용
하여 만들었습니다.　　　　　　　▶ 2점

2단계 🟠 모양을 🟫 모양보다 더 많이 사용
했으므로 바르게 설명한 사람은 태오입니다.
　　　　　　　　　　　　　　　▶ 3점

답 태오

14 🔵에 ○표 / 풀이 🔵에 ○표

42 🟠에 ○표

43

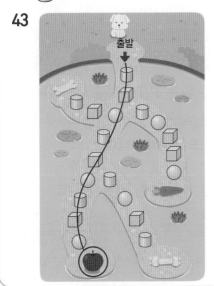

37 🟫 모양 7개를 사용했습니다.

38 🟫 모양 5개, 🟠 모양 2개, 🔵 모양 1개를 사
용하여 만들었습니다. 따라서 가장 많이 사용한
모양은 🟫 모양입니다.

39 🔵 모양을 가는 3개, 나는 2개 사용했습니다.
따라서 🔵 모양을 더 많이 사용한 것은 가입니
다.

40 왼쪽: 🟫 모양 3개, 🟠 모양 1개, 🔵 모양 1개
오른쪽: 🟫 모양 2개, 🟠 모양 1개, 🔵 모양 1개

42 휴지 상자, 풀, 풀, 농구공이 순서대로 반복됩니
다. 따라서 빈 곳에 알맞은 물건은 풀이고, 풀의
모양은 🟠 모양입니다.

43 🟠, 🟫, 🔵 모양 순서대로 길을 따라 선을 그
어 보면 강아지가 먹고 싶은 간식은 사과입니다.

1 우재

2 ❶ 둥근 부분이 있는 모양 알아보기 ▶ 2점
❷ 둥근 부분이 있는 모양은 모두 몇 개 사용했는지 구하
기 ▶ 3점

예 ❶ 둥근 부분이 있는 모양은 🟠, 🔵 모양
입니다.

❷ 오른쪽 모양에서 🟠 모양은 4개, 🔵 모
양은 2개 사용했으므로 둥근 부분이 있는 모
양은 모두 6개 사용했습니다.

답 6개

3 4개　　　　　　　　　　4 지민

5 7

6 ❶ 오른쪽 모양을 만드는 데 필요한 🟫, 🟠, 🔵 모양의
개수 구하기 ▶ 3점
❷ 오른쪽 모양과 똑같은 모양을 2개 만드는 데 필요한
🟫, 🟠, 🔵 모양의 개수 구하기 ▶ 2점

예 ❶ 오른쪽 모양을 만드는 데 필요한 모양은
🟫 모양 3개, 🟠 모양 3개, 🔵 모양 2개입
니다.

❷ 오른쪽과 똑같은 모양을 2개 만들려면
🟫 모양 6개, 🟠 모양 6개, 🔵 모양 4개가
필요합니다.

답 6개, 6개, 4개

유형책

2
단원

2. 여러 가지 모양　15

7 (1) (위에서부터) 2, 6, 1 / 1, 6, 1

(2) ⬛ 모양에 ◯표

8 (1) 4개, 5개, 2개

(2) 5개, 5개, 2개

1 평평한 부분이 있는 모양은 ⬛, ⬗ 모양입니다.

우재: ⬛ 모양 1개, ⬗ 모양 1개

민주: ⬗ 모양 1개

따라서 평평한 부분이 있는 물건을 더 많이 모은 사람은 우재입니다.

3 위에서 본 모양이 ●인 모양은 ⬗, ◯ 모양입니다.

⬗ 모양: 양초, 통조림통 → **2개**

◯ 모양: 축구공, 야구공 → **2개**

따라서 위에서 본 모양이 ● 모양인 물건은 모두 **4개**입니다.

4 〈보기〉: ⬛ 모양 **5개**, ⬗ 모양 **2개**

지민: ⬛ 모양 **5개**, ⬗ 모양 **2개**

수찬: ⬛ 모양 **3개**, ⬗ 모양 **2개**

5 주어진 모양을 만드는 데 사용한 ◯ 모양은 **6개**입니다.

6보다 1만큼 더 큰 수는 **7**입니다.

7 (1) 지유 ┌ ⬛ 모양: **2개**
├ ⬗ 모양: **6개**
└ ◯ 모양: **1개**

재민 ┌ ⬛ 모양: **1개**
├ ⬗ 모양: **6개**
└ ◯ 모양: **1개**

(2) 지유와 재민이가 사용한 모양의 개수가 다른 것은 ⬛ 모양입니다.

8 ⬛ 모양은 주어진 모양을 만드는 데 **4개**를 사용하고 1개가 남았으므로 처음에 가지고 있던 ⬛ 모양은 4개보다 1개 더 많은 **5개**입니다.

057쪽 2단원 마무리

01 [수학] 에 ◯표

02 ㉡, ㉣

03 ㉠, ㉎

04 ( )( )(◯)

05 ◯에 ◯표

06 (1)(2)(3) (선 잇기)

07 ⬛에 ◯표

08 (◯)( )

09 ㉢

10 ◯에 ◯표

11 ㉠

12 4개

13 ⬛ 모양과 ⬗ 모양의 다른 점 쓰기 ▶ 5점

(예) ⬛ 모양은 평평한 부분만 있어서 잘 굴러가지 않지만 ⬗ 모양은 둥근 부분이 있어서 잘 굴러갑니다.

14 2개, 5개, 3개

15 (◯)( )

16 4개

17 ❶ 쌓을 수 없는 모양 알아보기 ▶ 2점
❷ 쌓을 수 없는 물건은 모두 몇 개인지 구하기 ▶ 3점

(예) ❶ 쌓을 수 없는 모양은 ◯ 모양입니다.
❷ ◯ 모양은 방울과 탁구공이므로 쌓을 수 없는 물건은 모두 2개입니다.

(답) 2개

18 나

19 [원기둥]에 ◯표

20 ❶ ⬛, ⬗, ◯ 모양을 각각 몇 개 사용했는지 구하기 ▶ 3점
❷ 가장 많이 사용한 모양의 개수 구하기 ▶ 2점

(예) ❶ 모양을 만드는 데 ⬛ 모양은 1개, ⬗ 모양은 5개, ◯ 모양은 3개 사용했습니다.
❷ 가장 많이 사용한 모양은 ⬗ 모양이므로 5개를 사용했습니다.

(답) 5개

01 ⬛ 모양은 수학책입니다.

02 ⬗ 모양은 ㉡ 북, ㉣ 통조림통입니다.

03 볼링공은 ◯ 모양입니다.

◯ 모양은 ㉠ 배구공, ㉎ 실뭉치입니다.

04 보온병, 소금 통 → 🗍 모양, 상자 → 🗇 모양
따라서 모양이 다른 물건은 상자입니다.

05 모든 부분이 둥근 모양은 ◯ 모양입니다.

06 두유팩, 벽돌 → 🗇 모양
케이크, 페인트 통 → 🗍 모양
멜론, 농구공 → ◯ 모양

07 🗇 모양을 사용하여 만든 모양입니다.

08 축구공, 풍선 → ◯ 모양
오렌지 → ◯ 모양, 탬버린 → 🗍 모양

09 평평한 부분과 뾰족한 부분이 보이므로 🗇 모양입니다. 따라서 🗇 모양의 물건을 찾으면 ㉢ 서랍장입니다.

10 주어진 모양은 🗇 모양과 🗍 모양을 사용하여 만들었습니다.

11 🗍 모양에는 뾰족한 부분이 없습니다.
따라서 잘못 설명한 것은 ㉠입니다.

12 🗇 모양: 체중계, 두부, 젠가, 액자 → **4**개
🗍 모양: 유리컵, 통조림통, 타이어 → **3**개
◯ 모양: 구슬 → **1**개

14 주어진 모양을 만드는 데 🗇 모양 **2**개, 🗍 모양 **5**개, ◯ 모양 **3**개를 사용했습니다.

15 🗇 모양 **3**개, 🗍 모양 **2**개, ◯ 모양 **2**개를 사용하여 만든 모양을 찾으면 왼쪽 모양입니다.

16 평평한 부분이 있는 모양: 🗇 모양, 🗍 모양
🗇 모양과 🗍 모양의 수를 세어 보면 평평한 부분이 있는 모양은 모두 **4**개 사용했습니다.

18 🗍 모양을 가는 **4**개, 나는 **5**개 사용했습니다.
따라서 🗍 모양을 더 많이 사용한 것은 나입니다.

19 🗍, 🗇, ◯ 모양이 순서대로 반복되므로 빈칸에 알맞은 모양은 🗍 모양입니다.
따라서 🗍 모양의 물건은 나무토막입니다.

3 덧셈과 뺄셈

063쪽 **1STEP 개념 확인하기**

01 4	**02** 6
03 4	**04** 1
05 5	**06** 9
07 2	**08** 3
09 1	**10** 1, 7

01 사탕 **1**개와 **3**개를 모으기하면 **4**개가 되므로 **1**과 **3**을 모으기하면 **4**입니다.

02 쿠키 **4**개와 **2**개를 모으기하면 **6**개가 되므로 **4**와 **2**를 모으기하면 **6**입니다.

03 귤 **7**개를 **3**개와 **4**개로 가르기할 수 있으므로 **7**은 **3**과 **4**로 가르기할 수 있습니다.

04 레몬 **5**개는 **4**개와 **1**개로 가르기할 수 있으므로 **5**는 **4**와 **1**로 가르기할 수 있습니다.

05 **3**과 **2**를 모으기하면 **5**입니다.

06 **2**와 **7**을 모으기하면 **9**입니다.

07 **4**는 **2**와 **2**로 가르기할 수 있습니다.

08 **5**는 **2**와 **3**으로 가르기할 수 있습니다.

09 새로 온 병아리는 울타리 안으로 들어 가고 있는 병아리 **1**마리입니다.

10 병아리의 수를 세어 모으기 상황의 이야기를 만들 수 있습니다.

064쪽 **2STEP 유형 다잡기**

01 2, 1, 3 / 풀이 2, 1, 3
01 5, 3, 8   **02** 7
03 (위에서부터) 1, 7

02 4 / 풀이 4

04 4, 2, 2　　05 2, 1

06 (　)(×)(　)

07 예 3, 4 / 1, 6

03 ○○○○ / 풀이 4, 4

08 ○○○ ○○○ / 6

09

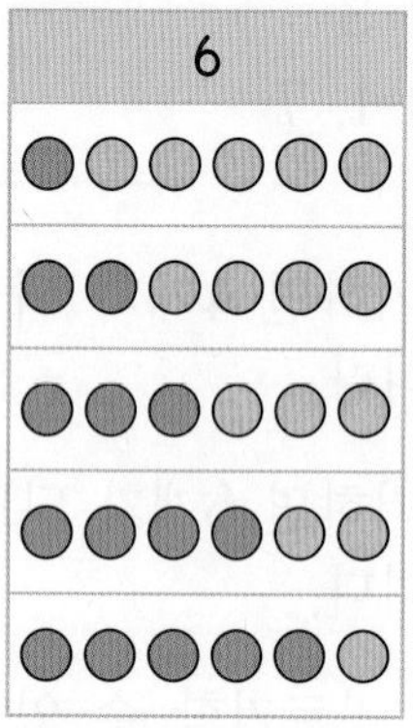

→

6	
1	5
2	4
3	3
4	2
5	1

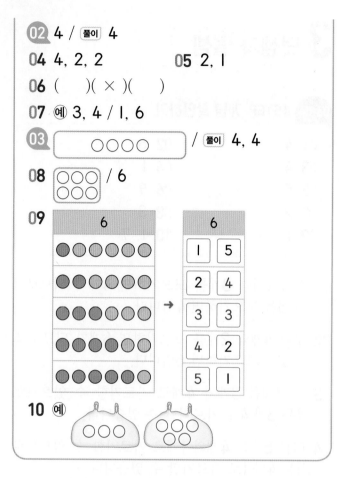

10 예

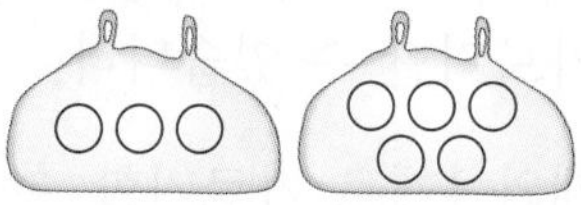

01 구슬 5개와 3개를 모으기하면 8개가 되므로 5와 3을 모으기하면 8입니다.

02 가지 4개와 3개를 모으기하면 7개가 되므로 4와 3을 모으기하면 7입니다.

03 도넛 6개와 1개를 모으기하면 7개가 되므로 6과 1을 모으기하면 7입니다.

04 컵 4개는 2개와 2개로 가르기할 수 있으므로 4는 2와 2로 가르기할 수 있습니다.

05 바둑돌 3개는 1개와 2개, 2개와 1개로 가르기할 수 있으므로 3은 1과 2, 2와 1로 가르기할 수 있습니다.

06 딸기 5개는 1개와 4개, 2개와 3개, 3개와 2개, 4개와 1개로 가르기할 수 있습니다.
가운데 그림은 4를 2와 2로 가르기한 것입니다.

07 • 모양으로 가르기: ○ 모양 3개와 △ 모양 4개로 가르기할 수 있으므로 7은 3과 4로 가르기할 수 있습니다.
• 색깔로 가르기: 주황색 1개와 초록색 6개로 가르기할 수 있으므로 7은 1과 6으로 가르기할 수 있습니다.

08 크레파스 9개는 6개와 3개로 가르기할 수 있습니다. 따라서 빈 곳에 ○를 6개 그립니다.

09 6은 1과 5, 2와 4, 3과 3, 4와 2, 5와 1로 가르기할 수 있습니다.

10 밤 8개는 3개와 5개로 가르기할 수 있습니다.
채점 가이드 봉지 2개에 나누어 담은 밤의 수가 모두 8개이면 정답으로 인정합니다.

066쪽 2STEP 유형 다잡기

04 (○)(　) / 풀이 6, 9

11 (1) 4　(2) 8

12 1단계 예 ㉠ 5와 4를 모으기하면 9,
㉡ 1과 8을 모으기하면 9,
㉢ 6과 2를 모으기하면 8입니다. ▶ 3점
2단계 두 수를 모으기한 수가 다른 하나는 ㉢입니다. ▶ 2점
답 ㉢

13 (위에서부터) 3, 4 / 6, 5

14 1, 4(또는 2, 3)

05 ㉠ / 풀이 5, 2, ㉠

15 (1) 1　(2) 5

16 2, 2

17 예 1, 6 / 2, 5

18 예 3, 6

06 (　)(○) / 풀이 4, 8, 2, 7

19 (1) (2) (3)

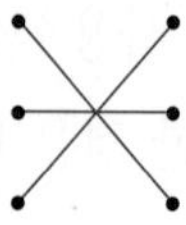

20 ㉡, ㉤, ㉥

21 예

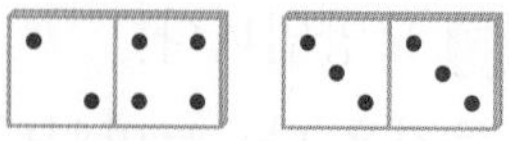

11 (1) 2와 2를 모으기하면 4입니다.
(2) 4와 4를 모으기하면 8입니다.

13 I과 6, 2와 5, 3과 4, 4와 3, 5와 2, 6과 I을 모으기하면 7입니다.

14 I과 4, 2와 3, 3과 2, 4와 I을 모으기하면 5입니다. 이 중에서 미나의 수 카드에 적힌 수가 준호의 수 카드에 적힌 수보다 더 작은 경우는 I과 4, 2와 3입니다.

15 (1) 5는 4와 I로 가르기할 수 있습니다.
(2) 8은 5와 3으로 가르기할 수 있습니다.

16 4는 I과 3, 2와 2, 3과 I로 가르기할 수 있습니다. 따라서 4를 똑같은 두 수로 가르기하면 2와 2입니다.

17 7은 I과 6, 2와 5, 3과 4, 4와 3, 5와 2, 6과 I로 가르기할 수 있습니다.

18 I과 8, 2와 7, 3과 6, 4와 5, 5와 4, 6과 3, 7과 2, 8과 I로 가르기할 수 있습니다.
이 중에서 오른쪽이 더 큰 수가 되는 것은 I과 8, 2와 7, 3과 6, 4와 5입니다.

19 (1) 공 5개와 4개를 모으기하면 9개가 됩니다.
(2) 공 3개와 6개를 모으기하면 9개가 됩니다.
(3) 공 2개와 7개를 모으기하면 9개가 됩니다.

20 ㉠ 점의 수: 6과 3 ➡ 모으기하면 9
㉡ 점의 수: 3과 5 ➡ 모으기하면 8
㉢ 점의 수: I과 4 ➡ 모으기하면 5
㉣ 점의 수: 4와 2 ➡ 모으기하면 6
㉤ 점의 수: 7과 I ➡ 모으기하면 8
㉥ 점의 수: 2와 6 ➡ 모으기하면 8
따라서 점의 수를 모으기하여 8이 되는 것은
㉡, ㉤, ㉥입니다.

21 I과 5, 2와 4, 3과 3, 4와 2, 5와 I을 모으기하면 6입니다.
참고 0과 6, 6과 0으로 모으기할 수도 있습니다.

07 4, I에 색칠하기 / **풀이** 4, 3, 2, I

22 (1) (2) (3)   **23** 2, 6

24 (예)
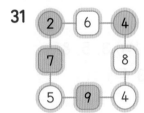
25 2, 5

08 6 / **풀이** 4, 2, 4, 2, 6

26 ㉢   **27** ㉡

28 (1단계) (예) 5와 I을 모으기하면 6입니다. ▶2점
(2단계) 4와 ㉠을 모으기한 수도 6입니다.
4와 2를 모으기하면 6이므로 ㉠에 알맞은 수는 2입니다. ▶3점
답 2

09 6 / **풀이** 2, 2, 6

29 6, 4, 3   **30** 3, 5, 8

31

2	6	4
7		8
5	9	4

22 (1) I과 6을 모으기하면 7이 됩니다.
(2) 3과 4를 모으기하면 7이 됩니다.
(3) 5와 2를 모으기하면 7이 됩니다.

23 2와 6을 모으기하면 8이 됩니다.

24 모으기하여 6이 되는 두 수는 I과 5, 2와 4, 3과 3, 4와 2, 5와 I입니다.

25 I과 6, 2와 5, 3과 4, 4와 3, 5와 2, 6과 I을 모으기하면 7이 됩니다.
따라서 2와 5가 적힌 수 카드를 뽑았습니다.

26 • I과 5를 모으기하면 6이 됩니다. ➡ ㉠=5
• 7은 5와 2로 가르기할 수 있습니다.
  ➡ ㉡=5
• 3과 3을 모으기하면 6이 됩니다. ➡ ㉢=6
따라서 빈칸에 알맞은 수가 다른 것은 ㉢입니다.

27 • 8은 2와 6으로 가르기할 수 있습니다.
　　　➡ ㉠=6
　　• 1과 1을 모으기하면 2가 됩니다. ➡ ㉡=2
　　• 6은 3과 3으로 가르기할 수 있습니다.
　　　➡ ㉢=3
　　➡ 빈칸에 알맞은 수가 가장 작은 것: ㉡

29 • 9는 3과 6으로 가르기할 수 있습니다.
　　• 6은 2와 4로 가르기할 수 있습니다.
　　• 4는 1과 3으로 가르기할 수 있습니다.

30 • 1과 2를 모으기하면 3이 됩니다.
　　• 2와 3을 모으기하면 5가 됩니다.
　　• 3과 5를 모으기하면 8이 됩니다.

31 • 2와 4를 모으기하면 <u>6</u>이 됩니다.
　　• 7은 2와 <u>5</u>로 가르기할 수 있습니다.
　　• 9는 5와 <u>4</u>로 가르기할 수 있습니다.
　　• 4와 4를 모으기하면 <u>8</u>이 됩니다.

070쪽 2STEP 유형 다잡기

10 8개 / 풀이 (왼쪽에서부터) 3, 5, 8

32 1개　　　　　　　　**33** 4개

34 3가지

35 1단계 예 1과 5, 2와 4, 3과 3, 4와 2, 5와 1중에서 6을 똑같은 두 수로 가르기한 것은 3과 3입니다. ▶4점
　　2단계 따라서 인형 6개를 상자 2개에 똑같이 나누어 담으려면 한 상자에 3개씩 담으면 됩니다. ▶1점
　　답 3개

11 ㉠ / 풀이 4, 1, 3

36 ㉡

12 3, 5, 8 / 풀이 3, 5, 8

37 7, 4, 3

38 예 모으면 모두 5명입니다.

39 예 1마리가 나가서 5마리가 남았습니다.

40 예 농장에 돼지가 5마리, 양이 3마리이므로 돼지와 양이 모두 8마리입니다.

---

32 5는 4와 1로 가르기할 수 있습니다.
　　따라서 왼손에 가진 구슬은 1개입니다.

33 7을 두 수로 가르기해 봅니다.

해철	1	2	3	4	5	6	7
동생	6	5	4	3	2	1	

　　따라서 해철이가 동생보다 1개 더 많이 먹었다면 해철이가 먹은 귤은 4개입니다.

34 4는 1과 3, 2와 2, 3과 1로 가르기할 수 있습니다.
　　따라서 민재와 수희가 연필을 나누어 가지는 방법은 모두 3가지입니다.

36 ㉡ 가지는 당근보다 1개 더 많습니다.

37 빨간색 색연필이 7자루, 파란색 색연필이 4자루 있으므로 빨간색 색연필이 3자루 더 많습니다.

38 '모으면'을 이용해 이야기를 완성합니다.

39 '남았습니다'를 이용해 이야기를 완성합니다.

40 채점 가이드 그림에 알맞게 이야기를 만들었으면 정답으로 인정합니다.

073쪽 1STEP 개념 확인하기

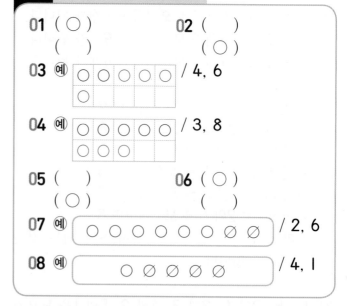

01 (◯)　　　　　　**02** (　　)
　　(　　)　　　　　　　　(◯)

03 예 / 4, 6

04 예 / 3, 8

05 (　　)　　　　　　**06** (◯)
　　(◯)　　　　　　　　(　　)

07 예 / 2, 6

08 예 / 4, 1

01 빨간색 사탕이 5개, 초록색 사탕이 2개이므로 모두 7개입니다. ➡ 5+2=7

02 닭이 **3**마리, 오리가 **1**마리이므로 모두 **4**마리입니다. → **3**+**1**=**4**

03 빨간색 꽃 **2**송이와 노란색 꽃 **4**송이를 더하면 **6**송이가 됩니다. → **2**+**4**=**6**

04 파란색 클립 **5**개와 초록색 클립 **3**개를 더하면 **8**개가 됩니다. → **5**+**3**=**8**

05 귤 **5**개에서 **3**개를 빼면 **2**개가 남습니다. → **5**−**3**=**2**

06 케이크 **8**개와 포크 **4**개를 하나씩 연결하면 케이크 **4**개가 남습니다. → **8**−**4**=**4**

07 촛불 **8**개 중에서 **2**개가 꺼졌으므로 **6**개가 남습니다. → **8**−**2**=**6**

08 사과 **5**개 중에서 **4**개를 먹었으므로 **1**개가 남습니다. → **5**−**4**=**1**

074쪽 2STEP 유형 다잡기

13 ( ) / 풀이 +, =
(○)

01 (1) ╳
(2)
02 3, 7

03 ㉡

04 예 3, 3, 6 / 2, 4, 6

14 8, 8 / 풀이 8, 8

05 6 / 예
○	○	○	○	○
○				

06 9 / 9   **07** (1) 9 (2) 5

08 예 1, 4, 5

15 7, 7 / 풀이 7, 7

09 (1) 2, 5 (2) 3, 5   **10** 4, 5, 6

---

01 (1) 송편 **3**개와 **6**개가 있으므로 모두 **9**개입니다. → **3**+**6**=**9**

(2) 물고기가 **1**마리 있는 어항에 **2**마리를 더 넣었으므로 모두 **3**마리입니다. → **1**+**2**=**3**

02 숟가락이 **4**개, 포크가 **3**개이므로 모두 **7**개입니다.

03 ㉠ **1**+**4**=**5**   ㉡ **1**+**5**=**6**   ㉢ **1**+**4**=**5**
따라서 나타내는 덧셈식이 나머지와 다른 하나는 ㉡입니다.

04 • 앉아 있는 학생이 **3**명, 서 있는 학생이 **3**명이므로 모두 **6**명입니다. → **3**+**3**=**6**
• 남학생이 **2**명, 여학생이 **4**명이므로 모두 **6**명입니다. → **2**+**4**=**6**
채점 가이드 그림을 보고 만든 덧셈식이 맞으면 정답으로 인정합니다.

05 ○를 **2**개 그리고 이어서 **4**개를 그리면 **6**개가 됩니다. → **2**+**4**=**6**

06 **6**과 **3**을 모으기하면 **9**가 됩니다. → **6**+**3**=**9**

07 (1) **5**+**4**=**9**   (2) **3**+**2**=**5**

08 ⬛ 모양은 선물 상자로 **1**개, ⬛ 모양은 풀, 북, 통조림통, 음료수 캔으로 **4**개입니다. **1**과 **4**를 모으기하면 **5**입니다. → **1**+**4**=**5**

09 • 빨간색 집게가 **3**개, 노란색 집게가 **2**개이므로 모두 **5**개입니다. → **3**+**2**=**5**
• 노란색 집게가 **2**개, 빨간색 집게가 **3**개이므로 모두 **5**개입니다. → **2**+**3**=**5**

10 케이크에 **3**개의 딸기가 올려져 있습니다. 딸기를 **1**개씩 더 올렸을 때의 덧셈식을 계산해 봅니다. → **3**+**1**=**4**, **3**+**2**=**5**, **3**+**3**=**6**

076쪽 2STEP 유형 다잡기

16 4, 3, 7 / 풀이 4, 3, 7

11 6, 3, 9

12 1단계 예 (해바라기 수)+(장미 수)
=(해바라기와 장미 수)이므로
1+**3**=**4**입니다. ▶4점
2단계 해바라기와 장미는 모두 **4**송이입니다. ▶1점
답 **4**송이

13 **9**명

17 ( ) / 풀이 2, 5, 2, 5
(×)
14 (○) **15** 2, 4
( ) **16** 5 / 5
17 예 5, 4, 1 / 3, 1, 2
18 5, 5 / 풀이 5, 5
18
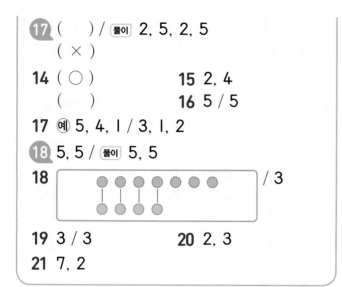 / 3
19 3 / 3 **20** 2, 3
21 7, 2

11 (처음 연필 수)+(더 꽂은 연필 수)
=(전체 연필 수)
➜ 6+3=9

13 (처음 사람 수)+(더 탄 사람 수)
=(전체 사람 수)
➜ 7+2=9

14 참새 5마리 중 1마리가 날아갔으므로 4마리가
남습니다. ➜ 5−1=4

15 귤 6개에서 2개를 덜어 내면 4개가 남습니다.
➜ 6−2=4

16 초콜릿 9칸 중 4칸이 비어서 남은 초콜릿은 5
개입니다. ➜ 9−4=5

17 • 오리는 5마리, 닭은 4마리이므로 오리는 닭보
다 1마리 더 많습니다. ➜ 5−4=1
• 닭이 울타리 밖에 3마리, 울타리 안에 1마리이
므로 울타리 밖에 2마리가 더 많습니다.
➜ 3−1=2
채점 가이드 그림을 보고 만든 뺄셈식이 맞으면 정답으로 인
정합니다.

18 7개와 4개를 하나씩 연결하면 3개가 남습니다.

19 7은 4와 3으로 가르기할 수 있습니다.

20 전체 학생 5명 중 우산을 쓴 학생은 2명이고 나
머지 학생은 우산을 쓰지 않았습니다.
➜ 5−2=3

21 8−1=7, 7−5=2

078쪽 **2STEP 유형 다잡기**

22 8, 1, 7
19 5, 4, 3 / 풀이 5, 4, 3
23 7 / 6 / 5 **24** 1, 1, 1 / 1
20 3, 2, 1 / 풀이 3, 2, 1
25 9, 2, 7 **26** 7, 5, 2
27 1단계 예 (축구공 수)−(농구공 수)로 뺄셈
식을 나타내면 8−5=3입니다. ▶4점
2단계 축구공은 농구공보다 3개 더 많습니
다. ▶1점
답 3개
28 준우, 1장
21 3 / 풀이 3, 3
29 7 **30** 예 4, 2

22 3, 8, 1, 6을 작은 수부터 순서대로 쓰면 1, 3,
6, 8이므로 가장 큰 수는 8, 가장 작은 수는 1
입니다.
8은 1과 7로 가르기할 수 있습니다.
➜ 8−1=7

23 빼는 수가 1, 2, 3으로 1씩 커지면 차는 7, 6,
5로 1씩 작아집니다.

24 하트의 수가 1씩 작아지고, 빼는 수도 1씩 작아
지면 차는 같습니다.

25 (의자 수)−2=(탁자 수)
➜ 9−2=7

26 (가지고 있던 동화책 수)−(동생에게 준 동화책 수)
=(남아 있는 동화책 수)
➜ 7−5=2

28 7이 6보다 크므로
(준우의 딱지 수)−(희선이의 딱지 수)로 뺄셈식
을 나타냅니다. ➜ 7−6=1
따라서 준우가 딱지를 1장 더 많이 가지고 있습
니다.

29 8은 7과 I로 가르기할 수 있습니다.
따라서 지윤이가 먹은 딸기는 7개입니다.

30 6은 4와 2로 가르기할 수 있습니다.
→ $6-4=2$

채점 가이드 6을 가르기한 두 수를 □ 안에 쓰면 정답으로 인정합니다.
→ (I, 5), (2, 4), (3, 3), (4, 2), (5, I)

081쪽 1STEP 개념 확인하기

01 2	**02** 6
03 5	**04** 0
05 3	**06** 7
07 3	**08** 0
09 5, 6, 7	**10** 4, 3, 2

01 빵 0개와 2개를 더하면 2개입니다.
→ $0+2=2$

02 귤 6개와 0개를 더하면 6개입니다.
→ $6+0=6$

03 수첩 5권에서 0권을 빼면 5권입니다.
→ $5-0=5$

04 구슬 8개에서 8개를 빼면 0개입니다.
→ $8-8=0$

05 0에 3을 더하면 3입니다.
→ $0+3=3$

06 7에 0을 더하면 7입니다.
→ $7+0=7$

07 3에서 0을 빼면 3입니다.
→ $3-0=3$

08 5에서 5를 빼면 0입니다.
→ $5-5=0$

09 $4+1=5$, $4+2=6$, $4+3=7$

10 $8-4=4$, $8-5=3$, $8-6=2$

082쪽 2STEP 유형 다잡기

22 7 / 풀이 7	
01 0, 3	**02** (1) 5 (2) 9
03 ( )(○)	**04** 현우
05 0	
23 5 / 풀이 5	
06 0, 4	**07** 0
08 (1) 8 (2) 3	**09** ㉡
10 예 I, I	
24 4 / 풀이 4, 4	
11 0자루	**12** 2마리
13 8잔	

01 말 3마리와 0마리를 더하면 3마리가 됩니다.
→ $3+0=3$

02 (1) 0+(어떤 수)=(어떤 수) → $0+5=5$
(2) (어떤 수)+0=(어떤 수) → $9+0=9$

03 • 점 0개와 5개를 더하면 5개입니다.
→ $0+5=5$
• 점 6개와 0개를 더하면 6개입니다.
→ $6+0=6$

04 연서: $4+0=4$인데 0으로 잘못 계산했습니다.

05 어떤 수에 0을 더하면 어떤 수가 되므로
$2+0=2$입니다.
따라서 □ 안에 알맞은 수는 0입니다.

06 감 4개에서 0개를 빼면 그대로 4개입니다.
→ $4-0=4$

07 $7-7=0$

08 (1) (어떤 수)−0=(어떤 수) → $8-0=8$
(2) (어떤 수)−(어떤 수)=0 → $3-3=0$

09 ㉠ $5-5=0$
㉡ $3-0=3$
㉢ $2-2=0$
따라서 계산 결과가 다른 하나는 ㉡입니다.

10 (어떤 수)−(어떤 수)=0입니다.

채점 가이드 같은 수 카드 2장을 골라 차가 0이 되도록 만들었으면 정답으로 인정합니다.

11 (가지고 있던 연필 수)−(동생에게 준 연필 수)
=(남은 연필 수)
→ 3−3=0

12 (강아지 수)+(고양이 수)
=(강아지와 고양이 수)
→ 2+0=2

13 (처음 우유 수)−(마신 우유 수)
=(남은 우유 수)
→ 8−0=8

14 (1) 더하는 수가 2, 3, 4로 1씩 커지면 합도 4, 5, 6으로 1씩 커집니다.
(2) 더하는 수가 2, 4, 6으로 2씩 커지면 합도 5, 7, 9로 2씩 커집니다.

16 5+1=6, 4+2=6, 3+3=6이므로 □ 안에 공통으로 들어갈 수는 6입니다.

17 빨간색으로 칠해진 수가 5, 4, 3으로 1씩 작아지고 파란색으로 칠해진 수가 1, 2, 3으로 1씩 커지면 합은 6으로 같습니다.

18 (1) 빼는 수가 5, 4, 3으로 1씩 작아지면 차는 2, 3, 4로 1씩 커집니다.
(2) 빼는 수가 3, 5, 7로 2씩 커지면 차는 6, 4, 2로 2씩 작아집니다.

19 5−3=2, 5−4=1, 5−5=0입니다. 빼는 수가 3, 4, 5로 1씩 커지면 차는 1씩 작아집니다.

21 뺄셈식에서 맨 앞의 수와 빼는 수가 똑같이 1씩 작아지면 차는 같습니다.
8−4=4
7−3=4
6−2=4
5−1=4

22 2+2=4, 7−5=2, 6−1=5
따라서 ○ 안에 알맞은 것이 다른 하나는 2○2=4입니다.

23 ○ 안에 +와 −를 써넣어 각각 계산해 봅니다.
㉠ 8+0=8, 8−0=8
㉡ 4+4=8, 4−4=0
따라서 ○ 안에 +를 써도 되고 −를 써도 되는 것은 ㉠입니다.

084쪽 2STEP 유형 다잡기

㉕ (왼쪽에서부터) 5, 7, 9, 2
/ 풀이 (왼쪽에서부터) 5, 7, 9, 2, 2

14 (1) 4, 5, 6
(2) 5, 7, 9

15 8, 8 ▶2점 / 예 두 수를 바꾸어 더해도 그 합은 같습니다. ▶3점

16 6 　　　　　**17** 1, 1

㉖ (왼쪽에서부터) 5, 3, 1, 2
/ 풀이 (왼쪽에서부터) 5, 3, 1, 2, 2

18 (1) 2, 3, 4
(2) 6, 4, 2

19 5−3에 색칠

20 1, 3, 5 ▶2점 / 예 빼는 수가 7, 5, 3으로 2씩 작아지면 차는 1, 3, 5로 2씩 커집니다. ▶3점

21 (위에서부터) 4 / 4, 2, 4 / 1, 4

㉗ + / 풀이 6, 2, +

22 (○)　　　　**23** ㉠
(　)
(　)

086쪽 2STEP 유형 다잡기

㉘ (위에서부터) 5, 6, 1, 6
/ 풀이 6, 5, 6, 1, 6

24 예 4, 1, 3 / 4, 3, 1

25 예 2, 6, 8 / 8, 2, 6

26 예 3, 5, 8 / 8, 3, 5

29 7 / 풀이 4, 3, 4, 3, 7

27 7

28 1단계 예 합이 가장 작으려면 가장 작은 수
와 둘째로 작은 수를 더해야 하므로 점의 수
가 2와 3인 주사위를 고르면 됩니다. ▶3점
2단계 따라서 점의 수의 합은 2+3=5입니
다. ▶2점
답 5

29 (1) 9, 4, 5 (2) 9, 5, 4

30 7 / 풀이 3, 3, 7

30 8   **31** 6

32 1

---

24 뺄셈식의 맨 앞에 가장 큰 수를 쓰면 됩니다.
주어진 수는 1, 3, 4이므로 만들 수 있는 뺄셈
식은 4−1=3, 4−3=1입니다.

25 • 덧셈식을 만들려면 계산 결과에 가장 큰 수를
쓰면 되므로 2+6=8, 6+2=8입니다.
• 뺄셈식을 만들려면 맨 앞에 가장 큰 수를 쓰면
되므로 8−2=6, 8−6=2입니다.

26 수 카드 2장을 골랐을 때 두 수의 합이 남은 수
카드에 있는 세 수를 찾으면 3, 5, 8입니다.
→ 덧셈식: 3+5=8, 5+3=8
→ 뺄셈식: 8−3=5, 8−5=3

27 차가 가장 크려면 가장 큰 수에서 가장 작은 수
를 빼야 합니다.
→ 고른 두 수: 8, 1
→ 두 수의 차: 8−1=7

29 (1) 9는 4와 5로 가르기할 수 있으므로 뺄셈식
을 만들 수 있는 세 수는 9, 4, 5입니다.
(2) 9, 4, 5로 만들 수 있는 뺄셈식은 9−4=5,
9−5=4이므로 차가 가장 작은 뺄셈식은
9−5=4입니다.
주의 계산 결과까지 주어진 수에서 골라야 합니다.
5−4=1로 잘못 답하지 않도록 주의합니다.

30 5−1=4이므로 ▲=4,
4+4=8에서 ■=8입니다.

---

31 두 수를 바꾸어 더해도 그 합은 같습니다.
★+♥=6이므로 ♥+★=6입니다.

32 7−2=5이므로 ■=5입니다.
4+●=5에서 5는 4보다 1만큼 더 큰 수이므
로 ●에 알맞은 수는 1입니다.

088쪽 **3STEP 응용 해결하기**

1 (왼쪽에서부터) 6, 2

2 ❶ 2명이 집으로 돌아간 후 놀이터에 있는 학생 수 구하기 ▶2점
❷ 지금 놀이터에 있는 학생 수 구하기 ▶3점

예 ❶ 2명이 집으로 돌아간 후 놀이터에 있는
학생은 6−2=4(명)입니다.
❷ 3명이 더 온 후 놀이터에 있는 학생은
4+3=7(명)이므로 지금 놀이터에 있는 학
생은 7명입니다.
답 7명

3 4장

4 ❶ 선우가 먹기 전에 있던 과자의 수 구하기 ▶2점
❷ 처음 상자에 있던 과자의 수 구하기 ▶3점

예 ❶ 선우가 먹기 전에 있던 과자는
1+2=3(개)입니다.
❷ 유진이가 먹기 전에 있던 과자는
3+3=6(개)입니다.
따라서 처음 상자에 있던 과자는 6개입니다.
답 6개

5 4개   **6** 1, 2, 3

7 (1) 1, 5 / 2, 4 (2) 5, 1, 4 / 4, 2, 2
(3) 2, 4

8 (1) 7점 (2) 8점 (3) 정희

1 • ⟋ 방향의 세 수: 1과 2를 모으기하면 3, 3과 6을 모으기하면 9입니다.
  • ⟍ 방향의 세 수: 5와 2를 모으기하면 7, 7과 2를 모으기하면 9입니다.

3 (전체 카드 수)
  =(동물 카드 수)+(식물 카드 수)
  =5+4=9(장)
  (두 사람이 나누어 가진 카드 수)
  =9-1=8(장)
  따라서 8은 4와 4로 가르기할 수 있으므로 한 사람이 가진 카드는 4장입니다.

5 9-3=6
  8-2=6
  7-1=6
  6-0=6
  → 만들 수 있는 뺄셈식은 모두 4개입니다.

6 희재의 주사위 점의 수의 합: 2+6=8
  준서의 주사위 빈 곳에 점의 수를 1부터 넣어 합이 8보다 작은 것을 찾습니다.
  • 점의 수가 1일 때: 4+1=5 (○)
  • 점의 수가 2일 때: 4+2=6 (○)
  • 점의 수가 3일 때: 4+3=7 (○)
  • 점의 수가 4일 때: 4+4=8 (×)
  따라서 빈 곳에 들어갈 수 있는 점의 수는 1, 2, 3입니다.

7 (1) 1+5=6, 2+4=6이므로 합이 6이 되는 두 수는 1과 5, 2와 4입니다.
  (2) 큰 수에서 작은 수를 뺍니다.
  (3) 합이 6이 되는 두 수 중에서 차가 2가 되는 것은 2와 4입니다.

8 (1) 연준이는 1점, 3점, 3점에 맞혔습니다.
    1과 3을 모으기하면 4, 4와 3을 모으기하면 7이므로 연준이가 얻은 점수는 7점입니다.
  (2) 정희는 1점, 3점, 4점에 맞혔습니다.
    1과 3을 모으기하면 4, 4와 4를 모으기하면 8이므로 정희가 얻은 점수는 8점입니다.
  (3) 8이 7보다 크므로 점수를 더 많이 얻은 사람은 8점을 얻은 정희입니다.

091쪽 3단원 마무리

01 3 **02** 2, 4
03 (○)
   (   )
04 9
05 7, 2 **06** (1) ✕ (2)
07 3, 1, 4 **08** 6
09 4, 3, 2 / 1
10 (1) (2) (3) **11** ㉠
   12 6개
   13 3, 3

14
| ❶ 민주가 가지고 있는 구슬의 수를 덧셈식으로 나타내기 ▶ 4점 |
| ❷ 민주가 가지고 있는 구슬은 몇 개인지 쓰기 ▶ 1점 |

  (예) ❶ 민주가 가진 구슬은 5개보다 1개 더 많으므로 덧셈식으로 나타내면 5+1=6입니다.
  ❷ 따라서 민주가 가지고 있는 구슬은 6개입니다.
  (답) 6개

15 +
16 (예) 2, 3, 5 / 5, 2, 3
17 8

18
| ❶ ㉠, ㉡, ㉢을 각각 모으기하기 ▶ 3점 |
| ❷ 모으기한 수가 7이 아닌 것의 기호 쓰기 ▶ 2점 |

  (예) ❶ ㉠ 3과 4를 모으기하면 7입니다.
  ㉡ 3과 3을 모으기하면 6입니다.
  ㉢ 6과 1을 모으기하면 7입니다.
  ❷ 모으기한 수가 7이 아닌 것은 ㉡입니다.
  (답) ㉡

19 9-1=8

20
| ❶ ★에 알맞은 수 구하기 ▶ 2점 |
| ❷ ■에 알맞은 수 구하기 ▶ 3점 |

  (예) ❶ 1+2=3이므로 ★=3입니다.
  ❷ ★=3이므로 3+3=6에서 ■=6입니다.
  (답) 6

01 지우개 1개와 2개를 모으기하면 3개가 되므로 1과 2를 모으기하면 3입니다.

02 옥수수 6개에서 2개를 빼면 4개가 남습니다.
→ 6−2=4

03 3과 5의 합은 8입니다. → 3+5=8

04 9에서 0을 빼면 9입니다. → 9−0=9

05 · 4와 3을 모으기하면 7입니다.
· 7은 2와 5로 가르기할 수 있습니다.

06 ⑴ 방울토마토 5개와 1개가 있으므로 모두 6개입니다. → 5+1=6
⑵ 단추 5개와 1개를 연결하면 4개가 남습니다.
→ 5−1=4

07 강아지 3마리와 고양이 1마리를 모으면 모두 4마리입니다.

08 5+1=6

09 7−3=4, 7−4=3, 7−5=2이므로 빼는 수가 3, 4, 5로 1씩 커지면 차는 4, 3, 2로 1씩 작아집니다.

10 두 수를 바꾸어 더해도 합은 같습니다.

11 ㉠ 4+3=7   ㉡ 5−5=0
㉢ 0+6=6   ㉣ 7−2=5
따라서 계산 결과가 가장 큰 것은 ㉠입니다.

12 9−3=6이므로 남은 딸기는 6개입니다.

13 6은 1과 5, 2와 4, 3과 3, 4와 2, 5와 1로 가르기할 수 있습니다.
따라서 6을 똑같은 두 수로 가르기하면 3과 3입니다.

15 4와 3이 7보다 작으므로 덧셈식입니다.
→ 4+3=7

16 · 덧셈식을 만들려면 계산 결과에 가장 큰 수를 쓰면 됩니다. → 2+3=5 또는 3+2=5
· 뺄셈식을 만들려면 맨 앞에 가장 큰 수를 쓰면 됩니다. → 5−2=3 또는 5−3=2

17 · 9는 7과 2로 가르기할 수 있으므로 ㉠에 알맞은 수는 2입니다.
· 2와 6을 모으기하면 8이므로 ㉡에 알맞은 수는 8입니다.

19 9에서 1을 빼면 8입니다. → 9−1=8

4 비교하기

097쪽 **1STEP 개념 확인하기**

01 ( )
(○)

02 (○)
( )

03 ( )
( )
(△)

04 ( )
( )
(△)

05 '더 길다', '더 짧다'에 ○표

06 '무겁습니다'에 ○표

07 '가볍습니다'에 ○표

08 (○)( )   **09** ( )(○)

10 ( )( )(△)

01 왼쪽 끝이 맞추어져 있으므로 오른쪽 끝이 더 많이 나온 파란색 색연필이 빨간색 색연필보다 더 깁니다.

02 왼쪽 끝이 맞추어져 있으므로 오른쪽 끝이 더 많이 나온 우산이 지팡이보다 더 깁니다.

03 왼쪽 끝이 맞추어져 있으므로 오른쪽 끝이 가장 적게 나온 자동차가 가장 짧습니다.

04 왼쪽 끝이 맞추어져 있으므로 오른쪽 끝이 가장 적게 나온 지우개가 가장 짧습니다.

05 길이를 비교할 때는 '더 길다', '더 짧다'로 나타냅니다.

06 계산기는 클립보다 더 무겁습니다.

07 클립은 계산기보다 더 가볍습니다.

08 자동차는 자전거보다 더 무겁습니다.

09 수박은 사과보다 더 무겁습니다.

10 축구공, 볼링공, 풍선 중 풍선이 가장 가볍습니다.

098쪽 2STEP 유형 다잡기

01 치약 / 풀이 치약

01 물감, 붓

02 ( )(○)( )

03 예

04 지혜네 모둠

02 ( ) / 풀이 파
(○)
( )

05 (1) (2)

06 2개

07 1단계 예 아래쪽 끝이 맞추어져 있으므로 위쪽 끝이 가장 많이 나온 배드민턴 채가 가장 길고, 위쪽 끝이 가장 적게 나온 탁구채가 가장 짧습니다. ▶3점
2단계 테니스 채는 배드민턴 채보다 짧고, 탁구채보다 깁니다. 따라서 설명이 틀린 것은 ⓒ입니다. ▶2점
답 ⓒ

03 ⓒ / 풀이 ⓒ

08 ( )
(△)

09 준서

10 ㉠, ㉢, ㉡

---

01 왼쪽 끝이 맞추어져 있으므로 오른쪽 끝이 더 적게 나온 것이 더 짧습니다.
→ 물감은 붓보다 더 짧습니다.

02 물건의 길이를 맞대어 비교하려면 물건의 한쪽 끝을 맞추어야 합니다.

03 수수깡의 한쪽 끝을 맞추고 다른 쪽 끝이 더 많이 나오도록 선을 긋습니다.
채점 가이드 양쪽 끝이 모두 수수깡보다 길게 그려도 정답으로 인정합니다.

04 왼쪽 끝이 맞추어져 있으므로 오른쪽 끝이 더 많이 나온 지혜네 모둠의 길이가 선우네 모둠보다 더 깁니다.

05 위쪽 끝이 맞추어져 있으므로 아래쪽 끝을 비교합니다.
(1) 아래쪽 끝이 가장 많이 나온 가운데 치마가 가장 깁니다.
(2) 아래쪽 끝이 가장 적게 나온 왼쪽 치마가 가장 짧습니다.

06 아래쪽 끝이 맞추어져 있으므로 젓가락보다 위쪽 끝이 더 적게 나온 것을 찾으면 포크와 칼입니다. 따라서 젓가락보다 짧은 것은 모두 **2**개입니다.

08 줄의 양쪽 끝이 맞추어져 있으므로 더 적게 구부러진 아래쪽이 더 짧습니다.

09 많이 구부러져 있을수록 곧게 폈을 때 더 깁니다. 따라서 가장 짧은 줄넘기를 가지고 있는 친구는 곧게 펴진 줄넘기를 가지고 있는 준서입니다.

10 많이 구부러져 있을수록 곧게 폈을 때 더 깁니다. 따라서 긴 길부터 차례로 기호를 쓰면 ㉠, ㉢, ㉡입니다.

100쪽 2STEP 유형 다잡기

04 현우 / 풀이 현우

11 경찰서, 아파트

12 (○)( )

13

14 예 사다리가 문보다 더 높으므로 사다리를 눕혀서 옮기면 됩니다.

05 ⓒ / 풀이 ⓒ

15 (△)( )(○)

16 ( )(○)

17 예찬, 찬희, 윤주

06 (△)( ) / 풀이 장미

18 '큽니다'에 ○표

19 (○)(△)

20 예 기린은 펭귄보다 키가 더 높습니다. ▶2점
기린은 펭귄보다 키가 더 큽니다. ▶3점

11 아래쪽 끝이 맞추어져 있으므로 위쪽 끝이 더 적게 올라온 것이 더 낮습니다.
따라서 경찰서는 아파트보다 더 낮습니다.

12 위쪽 끝이 더 많이 올라온 왼쪽이 오른쪽보다 더 높게 쌓았습니다.

13 아래쪽 끝이 맞추어져 있으므로 위쪽 끝이 더 적게 올라온 오른쪽 풍선에 색칠합니다.

14 채점가이드 사다리를 문 안으로 옮기는 방법이 적절하면 정답으로 인정합니다.

15 아래쪽 끝이 맞추어져 있으므로 위쪽 끝이 더 많이 올라온 오른쪽 철봉이 가장 높고, 위쪽 끝이 가장 적게 올라온 왼쪽 철봉이 가장 낮습니다.

16 아래쪽 끝이 맞추어져 있으므로 농구대보다 위쪽 끝이 더 많이 나온 것을 찾으면 탑입니다.

17 예찬이는 1층, 찬희는 3층, 윤주는 5층에 살고 있습니다.
따라서 낮은 층에 살고 있는 친구부터 차례로 이름을 쓰면 예찬, 찬희, 윤주입니다.

18 아래쪽 끝이 맞추어져 있으므로 위쪽 끝을 비교하면 독수리는 참새보다 키가 더 큽니다.

19 아래쪽 끝이 맞추어져 있으므로 위쪽 끝을 비교하면 왼쪽 선인장이 키가 더 크고, 오른쪽 선인장이 키가 더 작습니다.

20 키를 비교할 때는 '더 크다', '더 작다'로 나타냅니다.

102쪽 2STEP 유형 다잡기

07 토끼 / 풀이 토끼
21 ( )(○)( )
22 예 • 타조의 키가 가장 큽니다.
• 까치의 키가 가장 작습니다. ▶5점
23 (○)( )( )
24 ㉡

---

08 ( ) / 풀이 야구방망이, 빗자루, 빗자루
( )
(○)
25 2개
26 ㉢, ㉠, ㉡, ㉣
09 (○)( ) / 풀이 호박
27 ( )(△)
28 (1) (2)

29 예 책상

---

21 아래쪽 끝이 맞추어져 있으므로 위쪽 끝이 가장 많이 올라온 가운데 나무가 키의 가장 큽니다.

22 아래쪽 끝이 맞추어져 있으므로 위쪽 끝이 가장 많이 올라온 타조의 키가 가장 크고, 위쪽 끝이 가장 적게 올라온 까치의 키가 가장 작습니다.

23 위쪽 끝이 맞추어져 있으므로 아래쪽으로 가장 많이 내려온 왼쪽 공룡의 키가 가장 큽니다.
따라서 키가 가장 큰 공룡은 왼쪽 공룡입니다.

24 아래쪽 끝이 맞추어져 있으므로 키가 작은 것부터 차례로 놓으면 ㉣, ㉡, ㉠, ㉢입니다.
따라서 키가 둘째로 작은 것은 ㉡입니다.

25 풀보다 더 짧은 것은 지우개, 누름 못으로 모두 2개입니다.

26 한 칸의 크기가 모두 같으므로 칸의 수를 세어 길이를 비교합니다.
㉠ 4칸   ㉡ 3칸   ㉢ 7칸   ㉣ 2칸
길이가 긴 것부터 차례로 기호를 쓰면 ㉢, ㉠, ㉡, ㉣입니다.

27 시소는 내려간 쪽이 더 무겁고, 올라간 쪽이 더 가볍습니다.

28 (1) 들기 가벼워 보이므로 구슬이 들어 있을 것입니다.
(2) 들기 무거워 보이므로 벽돌이 들어 있을 것입니다.

29 채점가이드 운동화보다 더 무거운 물건을 썼으면 정답으로 인정합니다.

10 연필 / 풀이 연필

30 탁구공, 볼링공

31 1, 3, 2

32 (△)( )( )

11 ㉠ / 풀이 ㉠

33 ( )(△)

34 (1)   (2)   (3)

12 에 ○표 / 풀이 3, 4

35 ㉢

36 1단계 예 동화책은 지우개 **4**개의 무게와 같고, 만화책은 지우개 **3**개의 무게와 같습니다. ▶2점

2단계 지우개 **3**개의 무게가 지우개 **4**개의 무게보다 더 가벼우므로 더 가벼운 것은 만화책입니다. ▶3점

답 만화책

37 초콜릿

30 손으로 들었을 때 힘이 가장 많이 드는 것은 볼링공이고, 힘이 가장 적게 드는 것은 탁구공입니다.
따라서 농구공은 탁구공보다 더 무겁고, 볼링공보다 더 가볍습니다.

31 코끼리가 가장 무겁고 강아지가 가장 가볍습니다. 따라서 무거운 것부터 차례로 쓰면 코끼리, 양, 강아지입니다.

32 탬버린보다 더 가벼운 것은 캐스터네츠입니다.

33 무거운 물건을 올려놓으면 접은 종이가 무너지고, 가벼운 물건을 올려놓으면 접은 종이가 그대로 있습니다.
따라서 더 가벼운 것은 요구르트병입니다.

34 가장 많이 파인 모래 위에는 가장 무거운 멜론을, 가장 적게 파인 모래 위에는 가장 가벼운 감을 올려놓았을 것입니다.

35 바둑돌의 무게가 같으므로 바둑돌이 적을수록 더 가볍습니다.
바둑돌의 수를 세어 보면 ㉠ **3**개, ㉡ **5**개, ㉢ **2**개, ㉣ **4**개이므로 가장 가벼운 주머니는 ㉢입니다.

37 사탕 **4**개와 초콜릿 **3**개의 무게가 같으므로 한 개의 무게가 더 무거운 것은 개수가 더 적은 초콜릿입니다.

01 '넓습니다'에 ○표

02 '좁습니다'에 ○표

03 ( )(○)

04 (○)( )

05 ( )( )(△)

06 ( )(△)( )

07 '적습니다'에 ○표

08 '많습니다'에 ○표

09 (○)( )

10 ( )(○)

11 ( )( )(△)

12 ( )(△)( )

01 스케치북은 수첩보다 더 넓습니다.

02 수첩은 스케치북보다 더 좁습니다.

03 겹쳤을 때 남는 부분이 있는 오른쪽 액자가 더 넓습니다.

04 겹쳤을 때 남는 부분이 있는 왼쪽 접시가 더 넓습니다.

05 겹쳤을 때 남는 부분이 없는 **50**원짜리 동전이 가장 좁습니다.

06 겹쳤을 때 남는 부분이 없는 가운데 피자 조각이 가장 좁습니다.

07 컵은 물병보다 담을 수 있는 양이 더 적습니다.

08 물병은 컵보다 담을 수 있는 양이 더 많습니다.

09 그릇이 더 큰 왼쪽 컵에 담을 수 있는 양이 더 많습니다.

10 그릇이 더 큰 오른쪽 그릇에 담을 수 있는 양이 더 많습니다.

11 물의 높이가 가장 낮은 오른쪽 컵이 담긴 물의 양이 가장 적습니다.

12 물의 높이가 가장 낮은 가운데 그릇이 담긴 물의 양이 가장 적습니다.

108쪽 **2 STEP** 유형 다잡기

13 ( )(○) / 풀이 공책

01 ( )( )(○)

02 (1) (2)

03

04 예 우리 교실

05

14 ㉠ / 풀이 ㉠

06 1, 2, 3

07 주아

08 예

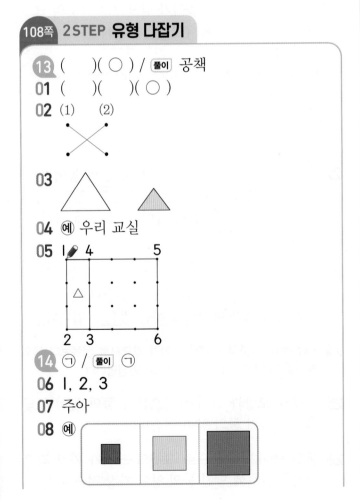

09

15 '수첩'에 ○표 / 풀이 수첩

10 1단계 예 편지지를 자르거나 접지 않고 넣을 수 있는 봉투는 편지지보다 더 넓은 봉투입니다. ▶3점

2단계 편지지보다 더 넓은 봉투는 ㉡이므로 편지지를 자르거나 접지 않고 넣을 수 있는 봉투는 ㉡입니다. ▶2점

답 ㉡

11 예

01 넓이를 겹쳐서 비교하려면 물건의 한쪽 끝을 맞추어 겹쳐야 합니다.

02 겹쳤을 때 남는 부분이 있는 오른쪽이 더 넓고, 남는 부분이 없는 왼쪽이 더 좁습니다.

03 겹쳤을 때 남는 부분이 없는 오른쪽이 왼쪽보다 더 좁습니다.

04 채점 가이드 우리 학교 운동장보다 더 좁은 장소를 찾아 썼으면 정답으로 인정합니다.

05 1부터 6까지 순서대로 이었을 때 만들어지는 두 부분에서 왼쪽이 오른쪽보다 더 좁습니다.

06 겹쳤을 때 가장 좁은 것은 왼쪽 연못이고, 가장 넓은 것은 오른쪽 연못입니다.

07 겹쳤을 때 가장 많이 남는 것은 주아가 가진 조각입니다.
따라서 가장 넓은 조각을 가진 친구는 주아입니다.

08 빨간색보다 넓고 보라색보다 좁은 □ 모양을 그립니다.

09 겹쳤을 때 남는 부분이 많을수록 넓습니다.

11 조각 케이크의 바닥보다 넓은 접시를 그립니다.

채점 가이드 접시 모양에 상관없이 조각 케이크의 바닥보다 넓게 그렸으면 정답으로 인정합니다.

16 ( )(○) / 풀이 2, 4 / 4
12 ㉠   **13** 나
14 ㉢
17 양동이 / 풀이 양동이
15 나, 가   **16** (△)( )
17 (○)( )
18 ㉠ / 풀이 ㉠
18 ㉢, ㉡   **19** ( )(△)(○)
20 (△)( )

12 ㉠ 6칸 ㉡ 9칸
따라서 더 좁은 것은 ㉠입니다.

13 가: 5칸, 나: 7칸
따라서 나가 가보다 더 넓습니다.

14 민혁이는 5칸 색칠했습니다.
㉠ 3칸 ㉡ 4칸 ㉢ 6칸
따라서 민혁이보다 더 넓게 색칠한 것은 ㉢입니다.

15 그릇이 더 큰 것이 담을 수 있는 양이 더 많습니다.
→ 나는 가보다 담을 수 있는 양이 더 많습니다.

16 그릇이 더 작은 왼쪽 컵에 담을 수 있는 양이 더 적습니다.

17 오른쪽 통은 양이 너무 많기 때문에 왼쪽 통에 물을 담아가는 것이 좋습니다.

18 그릇의 크기를 비교하면 ㉠은 ㉡보다 작고, ㉢보다 큽니다.
따라서 ㉠에 담을 수 있는 양은 ㉢에 담을 수 있는 양보다 많고, ㉡에 담을 수 있는 양보다 적습니다.

19 그릇이 가장 큰 오른쪽 병이 담을 수 있는 양이 가장 많고, 그릇이 가장 작은 가운데 병이 담을 수 있는 양이 가장 적습니다.

20 세숫대야보다 크기가 더 작은 그릇은 컵이므로 세숫대야보다 담을 수 있는 양이 더 적은 것은 컵입니다.

21 1단계 예 컵이 작을수록 담을 수 있는 양이 적습니다.
컵이 작은 친구부터 차례로 쓰면 유주, 희선, 형철입니다. ▶3점
2단계 물을 가장 적게 마신 친구는 컵이 가장 작은 유주입니다. ▶2점
답 유주
19 ㉡ / 풀이 ㉡
22 (1)
    (2)   **23** ㉠
24 예

25 1, 3, 2
20 은주 / 풀이 은주
26 ( )( )(△)
27 1단계 예 주스의 높이가 같으므로 그릇의 크기가 더 큰 나에 주스가 더 많이 들어 있습니다. ▶3점
2단계 바르게 말한 친구는 민아입니다. ▶2점
답 민아
28 ㉢, ㉡, ㉠

22 그릇의 모양과 크기가 같으므로 물의 높이가 가장 높은 것에 물이 가장 많이 담겨 있고, 물의 높이가 가장 낮은 것에 물이 가장 적게 담겨 있습니다.

23 그릇의 모양과 크기가 같으므로 주스의 높이가 더 높은 것에 주스가 더 많이 담겨 있습니다.
따라서 경호가 마시려고 하는 컵은 ㉠입니다.

24 채점 가이드 그릇의 모양과 크기가 같으므로 왼쪽보다 물의 높이를 더 낮게 그렸으면 정답으로 인정합니다.

25 그릇의 모양과 크기가 같으므로 물의 높이가 낮을수록 담긴 물의 양이 적습니다.

26 물의 높이가 같으므로 그릇의 크기가 가장 작은 오른쪽 그릇에 담긴 물의 양이 가장 적습니다.

28 ㉠과 ㉡의 물의 높이가 같으므로 그릇이 더 큰 ㉡에 담긴 물의 양이 더 많습니다.
㉡과 ㉢의 그릇의 모양과 크기가 같으므로 물의 높이가 더 높은 ㉢에 담긴 물의 양이 더 많습니다.
따라서 담긴 물의 양이 많은 것부터 차례로 기호를 쓰면 ㉢, ㉡, ㉠입니다.

114쪽 2STEP 유형 다잡기

21 ㉠ / **풀이** ㉠

29 주스병

30 **예** 가 그릇의 크기가 나 그릇의 크기보다 크므로 가 그릇에 담긴 물을 나 그릇에 모두 옮겨 담으면 물이 넘칩니다. ▶5점

31 ㉡

22 윤호 / **풀이** 윤호

32 ㉠   **33** ㉡

34 서희

23 ㉠ / **풀이** ㉠

35 명호   **36** 나

37 ㉠

---

29 물병에 물이 흘러넘쳤으므로 담을 수 있는 양이 더 많은 것은 주스병입니다.

31 그릇의 모양과 크기가 같으므로 물의 높이가 더 낮은 것에 물이 더 적게 담겨 있습니다.
따라서 담을 수 있는 양이 더 적은 것은 ㉡입니다.

32 물병에 남은 물이 더 적으려면 부은 물의 양이 더 많아야 합니다. 그릇의 크기가 더 큰 ㉠에 담을 수 있는 양이 더 많습니다.
따라서 물을 따른 후 남은 물이 더 적은 것은 ㉠입니다.

33 색칠하고 남은 부분이 ㉠ 4칸, ㉡ 5칸이므로 더 넓은 것은 ㉡입니다.

34 겹쳤을 때 남는 부분이 없는 서희가 사용하고 남은 색종이가 더 좁습니다.
따라서 사용한 색종이가 더 넓은 친구는 서희입니다.

35 담을 수 있는 물의 양이 더 적은 물통에 물을 더 빨리 가득 채울 수 있습니다.
따라서 물을 더 빨리 가득 채울 수 있는 친구는 명호입니다.

36 욕조를 채울 때 물을 더 빨리 채우려면 그릇에 담을 수 있는 양이 더 많아야 합니다.
따라서 물을 더 빨리 채울 수 있는 그릇은 나입니다.

37 병에 담을 수 있는 양이 많을수록 물을 붓는 횟수가 많습니다.
병이 가장 큰 것은 ㉠이므로 물을 붓는 횟수가 가장 많은 것은 ㉠입니다.

116쪽 3STEP 응용 해결하기

1 ㉢   **2** 가, 다, 나

3 ❶ 벽을 더 많이 덮을 수 있는 경우 알아보기 ▶ 3점
❷ 벽을 더 많이 덮을 수 있는 친구의 이름 쓰기 ▶ 2점

예 ❶ 벽을 더 많이 덮으려면 더 넓은 색종이로 덮어야 합니다.
❷ 희재가 가지고 있는 색종이가 선주가 가지고 있는 색종이보다 더 넓으므로 벽을 더 많이 덮을 수 있는 친구는 희재입니다.
답 희재

4 ❶ 놀이터와 공원의 넓이 비교하기 ▶ 3점
❷ 가장 넓은 곳 구하기 ▶ 2점

예 ❶ 축구장은 놀이터보다 더 넓고, 공원은 축구장보다 더 넓으므로 공원은 놀이터보다 더 넓습니다.
❷ 따라서 축구장, 놀이터, 공원 중 가장 넓은 곳은 공원입니다.
답 공원

5 양동이   **6** 8개

7 (1) '적습니다'에 ○표 (2) 나

8 (1) 예나 (2) 현우 (3) 민주 (4) 민주

---

1 윤아네 집에서 학교까지 가는 길은 몇 칸인지 세어 봅니다.
㉠ **11**칸, ㉡ **13**칸, ㉢ **9**칸이므로 윤아네 집에서 학교까지 가는 길 중 가장 짧은 길은 ㉢입니다.

2 **4**바퀴씩 똑같이 감았으므로 가장 큰 상자를 감는 데 사용한 끈이 가장 길고, 가장 작은 상자를 감는 데 사용한 끈이 가장 짧습니다.
상자의 크기를 비교하면 가장 큰 상자는 가이고, 가장 작은 상자는 나입니다.
따라서 사용한 끈이 긴 것부터 차례로 기호를 쓰면 가, 다, 나입니다.

5 부은 횟수가 같으므로 담을 수 있는 양이 더 많은 ㉡컵으로 부은 물의 양이 더 많습니다.
따라서 담을 수 있는 양이 더 많은 것은 양동이입니다.

6 저울이 어느 쪽으로도 기울어지지 않았으므로 양쪽 접시의 무게가 같습니다.
(배 **1**개의 무게)=(참외 **2**개의 무게)
(참외 **1**개의 무게)=(방울토마토 **4**개의 무게)
(참외 **2**개의 무게)
=(참외 **1**개의 무게)+(참외 **1**개의 무게)
=(방울토마토 **8**개의 무게)
따라서 배 **1**개의 무게는 방울토마토 **8**개의 무게와 같습니다.

7 (1) 담긴 물의 양이 적을수록 컵으로 퍼낸 횟수가 더 적습니다.
(2) 퍼낸 횟수가 가장 적은 그릇은 나이므로 물이 가장 적게 들어 있던 그릇은 나입니다.

8 (1) 왼쪽 시소에서 위로 올라간 예나가 지은이보다 더 가볍습니다.
(2) 가운데 시소에서 위로 올라간 현우가 예나보다 더 가볍습니다.
(3) 오른쪽 시소에서 위로 올라간 민주가 현우보다 더 가볍습니다.
(4) 예나는 지은이보다 가볍고 현우보다 무거우므로 예나, 지은, 현우 중 현우가 가장 가볍습니다.
민주는 현우보다 가벼우므로 가장 가벼운 친구는 민주입니다.

119쪽 4단원 마무리

01 (◯)

02 ( )(△)

03 (△)( )

04 (◯)( )

05 나무, 빌딩

06
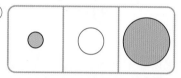

07 ( )( )(△)   **08** ( )(◯)( )

09 (△)( )(◯)   **10** 1, 3, 2

11 ❶ 길이를 비교하는 방법 알아보기 ▶ 3점
❷ 더 긴 것의 기호 쓰기 ▶ 2점

❶ 양쪽 끝이 맞추어져 있으므로 더 많이 구부러진 것이 더 깁니다.
❷ 더 긴 것은 더 많이 구부러진 ㉠입니다.
답 ㉠

12 붓

13 예

14 ❶ 각 모양의 칸 수 알아보기 ▶ 3점
❷ 주어진 모양보다 더 넓은 것의 기호 쓰기 ▶ 2점

❶ 주어진 모양은 **4**칸이고 ㉠은 **3**칸, ㉡은 **5**칸, ㉢은 **3**칸입니다.
❷ 주어진 모양보다 더 넓은 것은 ㉡입니다.
답 ㉡

15 가   **16** ㉡, ㉢, ㉠

17 ❶ 높이가 같을 때 담긴 양을 비교하는 방법 알아보기 ▶ 3점
❷ 담긴 양이 더 적은 것 구하기 ▶ 2점

❶ 높이가 같으므로 그릇의 크기가 더 작을수록 담긴 양이 더 적습니다.
❷ 담긴 양이 더 적은 것은 그릇의 크기가 더 작은 우유입니다.
답 우유

18 강아지   **19** 연희

20 ㉡

01 왼쪽 끝이 맞추어져 있으므로 오른쪽 끝이 더 많이 나온 시계가 더 깁니다.

02 딸기는 수박보다 더 가볍습니다.

03 겹쳤을 때 남는 부분이 없는 왼쪽 단추가 더 좁습니다.

04 크기가 더 큰 왼쪽 물통이 담을 수 있는 양이 더 많습니다.

05 아래쪽 끝이 맞추어져 있으므로 위쪽 끝을 비교하면 나무는 빌딩보다 더 낮습니다.

06 겹쳤을 때 남는 부분이 있는 왼쪽이 더 넓습니다.

07 아래쪽 끝이 맞추어져 있으므로 위쪽 끝이 가장 적게 나온 것이 가장 낮습니다.

08 에어컨이 가장 무겁습니다.

09 겹쳤을 때 가장 넓은 것은 피자이고, 가장 좁은 것은 쿠키입니다.

10 그릇의 모양과 크기가 같으므로 물의 높이가 높을수록 담긴 양이 많습니다.

12 한쪽 끝을 맞추어 비교하면 색연필보다 더 긴 것은 붓입니다.

13 초록색보다 넓고 보라색보다 좁은 ○ 모양을 그립니다.

15 가 그릇에 가득 담았던 물로 나 그릇을 가득 채울 수 없습니다. 따라서 담을 수 있는 양이 더 적은 그릇은 가입니다.

16 고무줄에 매단 물건이 가벼울수록 고무줄이 적게 늘어납니다.
따라서 가벼운 상자부터 차례로 기호를 쓰면 ㉡, ㉢, ㉠입니다.

18 고양이와 강아지 중 시소에서 아래로 내려간 강아지가 더 무겁고, 고양이와 토끼 중 시소에서 아래로 내려간 고양이가 더 무겁습니다.
따라서 가장 무거운 동물은 강아지입니다.

19 주스를 더 많이 마신 친구는 남은 양이 더 적은 연희입니다.

20 사슴은 사자보다 키가 크고 기린보다 키가 작습니다.
따라서 설명이 틀린 것은 ㉡입니다.

5 50까지의 수

01 10		**02** 12	
03 18		**04** '십일'에 ○표	
05 '십오'에 ○표		**06** '십구'에 ○표	
07 13		**08** 18	
09 6		**10** 7	

01 9보다 1만큼 더 큰 수는 10입니다.

02 10개씩 묶음 1개와 낱개 2개는 12입니다.

03 10개씩 묶음 1개와 낱개 8개는 18입니다.

04 11은 십일 또는 열하나라고 읽습니다.

05 15는 십오 또는 열다섯이라고 읽습니다.

06 19는 십구 또는 열아홉이라고 읽습니다.

07 5와 8을 모으기하면 13이 됩니다.

08 9와 9를 모으기하면 18이 됩니다.

09 14는 8과 6으로 가르기할 수 있습니다.

10 16은 9와 7로 가르기할 수 있습니다.

01 ( ) (○) / 풀이 8, 10

01 10

02 예
$$\diamond \diamond \diamond \diamond \diamond$$
$$\diamond \diamond \diamond \diamond \diamond$$

03 10   **04** 6

05 10개

02 10, '열', '십'에 ○표 / 풀이 10, 10, 열

06 10   **07** 열, 십, 열

08 '십'에 ○표

03 10 / 풀이 10

09 / 6   **10** (1) 10 (2) 9

11 [1단계] 예 1과 9를 모으기하면 10이 되고, 5 와 4를 모으기하면 9가 됩니다. ▶ 4점
[2단계] 따라서 10이 되도록 바르게 모으기한 것은 ㉠입니다. ▶ 1점
[답] ㉠

01 로봇의 수: 하나, 둘, …, 열 → 10

02 하나부터 열까지 세면서 색칠합니다.

03 8에서 오른쪽으로 2칸 더 가면 10이 됩니다.

04 ●●●● ○○○○○○ → 10
     4   6

05 9보다 1만큼 더 큰 수는 10입니다.

06 9 바로 다음 수는 10입니다.

07 10을 열 또는 십으로 읽습니다.

08 10번은 십 번이라고 읽습니다.

09 10은 6과 4로 가르기할 수 있습니다.

10 (1) 5와 5를 모으기하면 10이 됩니다.
(2) 10은 1과 9로 가르기할 수 있습니다.

128쪽 2STEP 유형 다잡기

12 예 7, 3 / 7, 3

04 3, 13 / [풀이] 3, 13

13 예

| / 16 |

14 예

♡♡♡♡♡♡♡♡♡♡
♡♡♡♡♡♡♡ ♡♡♡

---

15 17, 18   **16** 14개

05 ㉡ / [풀이] 열여섯

17 (1)   (2)   **18** '십칠'에 ○표

06 15개 / [풀이] (왼쪽에서부터) 1, 5, 15

19 [1단계] 예 긴 초 1개와 짧은 초 3개가 꽂혀 있습니다. ▶ 2점
[2단계] 10살을 나타내는 초 1개와 1살을 나타내는 초 3개가 꽂혀 있으므로 13살입니다. ▶ 3점
[답] 13살

20 16 / 16 / '작습니다'에 ○표

12 [채점 가이드] 10을 가르기한 수를 사용하여 이야기를 만들었으면 정답으로 인정합니다.

13 10개씩 묶어 보면 10개씩 묶음 1개와 낱개 6개이므로 16입니다.

14 하트를 10개씩 묶음 1개와 낱개 7개만큼 색칠합니다.

15 15부터 수를 순서대로 쓰면 15, 16, 17, 18입니다.

16 블록이 10개씩 묶음 1개와 낱개 4개이므로 사용한 블록은 모두 14개입니다.

17 (1) 10개씩 묶음 1개와 낱개 4개는 14이고, 14 는 열넷이라고 읽습니다.
(2) 10개씩 묶음 1개와 낱개 7개는 17이고, 17 은 열일곱이라고 읽습니다.

18 수로 각각 나타내면 열여덟은 18, 십칠은 17, 십팔은 18입니다.
따라서 나타내는 수가 다른 것은 십칠입니다.

20 구슬의 수를 비교하면 빨간색 구슬이 파란색 구 슬보다 적습니다.
→ 12는 16보다 작습니다.

07 8, 6, 14 / 풀이 8, 6, 14

21 ○○○○○ / 6
○

22 예

/ 4, 11

23 예 4, 8 / 5, 7

08 ㉠ / 풀이 9, ㉠

24 (1) 16 (2) 8 　　　**25** 2, 9

26 1단계 예 7과 5를 모으기하면 12가 되므로
㉠에 알맞은 수는 5입니다.
15는 7과 8로 가르기할 수 있으므로 ㉡에
알맞은 수는 7입니다. ▶3점
2단계 7은 5보다 크므로 ㉠과 ㉡ 중 더 큰
수는 ㉡입니다. ▶2점
답 ㉡

27 예 5, 9 / 6, 8 / 7, 7

09 11개 / 풀이 (왼쪽에서부터) 5, 6, 11

28 6개 　　　　　　　**29** 9자루

30 예 10장

---

21 바둑돌 15개는 9개와 6개로 가르기할 수 있습니
다. 따라서 빈 곳에 ○를 6개 그립니다.

22 주황색 구슬 7개와 빨간색 구슬 4개를 모으기하
면 11개가 됩니다.
채점 가이드 7과 모으기한 수를 4, 7, 9 중 하나로 선택하
여 바르게 모으기했으면 정답으로 인정합니다.

23 • 🛢 모양 4개와 📦 모양 8개로 가르기할 수 있
습니다.
• 노란색 모양 5개와 보라색 모양 7개로 가르기할
수 있습니다.

24 (1) 9와 7을 모으기하면 16이 됩니다.
(2) 13은 8과 5로 가르기할 수 있습니다.

25 • 2와 7을 모으기하면 9입니다.
• 2와 9를 모으기하면 11입니다.
• 7과 9를 모으기하면 16입니다.

---

27 14는 1과 13, 2와 12, 3과 11, 4와 10, 5와
9, 6과 8, 7과 7로 가르기할 수 있습니다.

28 16은 10과 6으로 가르기할 수 있습니다.
따라서 다른 상자에는 배를 6개 담아야 합니다.

29 18은 1과 17, 2와 16, 3과 15, 4와 14, 5와
13, 6과 12, 7과 11, 8과 10, 9와 9로 가르기
할 수 있습니다.
따라서 연필 18자루를 두 사람이 똑같이 나누어
가지면 한 사람이 9자루씩 가질 수 있습니다.

30 내가 친구보다 색종이를 더 많이 가지도록 12장
과 1장, 11장과 2장, 10장과 3장, 9장과 4장,
8장과 5장, 7장과 6장으로 가르기할 수 있습
니다.
채점 가이드 12장, 11장, 10장, 9장, 8장, 7장 중 하나로 답
을 했다면 정답으로 인정합니다.

---

01 30　　　　　　**02** 40
03 50　　　　　　**04** 20
05 50　　　　　　**06** 23
07 46　　　　　　**08** 2, 1
09 3, 4　　　　　　**10** 4, 9

---

01 10개씩 묶음이 3개이므로 30입니다.

02 10개씩 묶음이 4개이므로 40입니다.

03 10개씩 묶음이 5개이므로 50입니다.

04 이십은 20이라고 씁니다.

05 쉰은 50이라고 씁니다.

06 10개씩 묶음 2개와 낱개 3개이므로 23입니다.

07 10개씩 묶음 4개와 낱개 6개이므로 46입니다.

08 21은 10개씩 묶음 2개와 낱개 1개입니다.

09 34는 10개씩 묶음 3개와 낱개 4개입니다.

10 49는 10개씩 묶음 4개와 낱개 9개입니다.

134쪽 2STEP 유형 다잡기

10 30 / 풀이 3, 30

01 2, 20

02 예

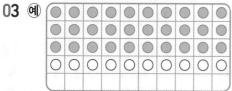 / 50

03 예

11 40 / 풀이 4, 40

04 30, 50   **05** 2

06 4, 40 / 4, 40

07 50은 10개씩 묶음이 5개입니다.

12 ( ) (○) / 풀이 스물

08 (1)   (2)   (3)

09 현우

10 '쉰', '오십', 50에 ○표

11 1단계 예 ㉠ 삼십은 30입니다.
  ㉡ 서른은 30입니다.
  ㉣ 10개씩 묶음 3개는 30입니다. ▶3점
  2단계 나타내는 수가 다른 것은 ㉢ 13입니다.
  ▶2점

  답 ㉢

01 10개씩 묶음이 2개이므로 20입니다.

02 10개씩 묶어 보면 10개씩 묶음이 5개이므로 50입니다.

03 40은 10개씩 묶음 4개입니다.
10개씩 묶음 3개만큼 그려져 있으므로 ○를 10개씩 묶음 1개만큼 더 그립니다.

04 • 10개씩 묶음이 3개이면 30입니다.
  • 10개씩 묶음이 5개이면 50입니다.

05 ■0은 10개씩 묶음이 ■개입니다.

06 • 10개씩 묶음 4개는 40입니다.
  • 감자가 10개씩 4묶음 있으면 40개입니다.

08 (1) 10개씩 묶음 3개는 30이고, 서른이라고 읽습니다.
  (2) 10개씩 묶음 5개는 50이고, 쉰이라고 읽습니다.
  (3) 10개씩 묶음 4개는 40이고, 마흔이라고 읽습니다.

09 현우: 오십은 50이라고 씁니다.

10 오렌지의 수를 세어 보면 10개씩 묶음이 5개이므로 50입니다.
50은 오십 또는 쉰이라고 읽습니다.

136쪽 2STEP 유형 다잡기

13 40병 / 풀이 4, 40

12 20권

13 50 / 50 / 50, 40

14 3상자

15 2개

16 1개

14 32 / 풀이 (왼쪽에서부터) 3, 2, 32

17 2, 7, 27

18 1단계 예 연결 모형의 수를 세어 보면 10개씩 묶음 3개와 낱개 8개입니다. ▶3점
  2단계 연결 모형은 38개입니다. ▶2점
  답 38개

15 45 / 풀이 45

19 3, 4   **20** ㉡

21 예

12 10개씩 묶음 2개는 20입니다.
따라서 선생님께서 가지고 오신 공책은 모두 20권입니다.

13 노란색 모형은 주황색 모형보다 적습니다.
→ 40은 50보다 작습니다.
→ 50은 40보다 큽니다.

14 30은 10개씩 묶음 3개입니다.
따라서 곰 인형 30개를 한 상자에 10개씩 담으면 모두 3상자가 됩니다.

15 오른쪽 모양은 ■ 10개로 만든 것이고, 주어진 ■은 20개입니다.
20은 10개씩 묶음 2개이므로 모양을 2개 만들 수 있습니다.

16 50은 10개씩 묶음 5개입니다.
주어진 달걀은 10개씩 묶음이 4개이므로 달걀이 50개가 되려면 10개씩 묶음이 1개 더 있어야 합니다.

17 ☆의 수를 세어 보면 10개씩 묶음 2개와 낱개 7개이므로 27입니다.

19 34는 10개씩 묶음 3개와 낱개 4개입니다.

20 10개씩 묶음 2개와 낱개 1개인 수는 21입니다.
따라서 수로 바르게 나타낸 것은 ㉡입니다.

21 채점 가이드 그림에 맞게 초록색으로 28칸 색칠했으면 정답으로 인정합니다.

138쪽 **2STEP 유형 다잡기**

16 (○) ( ) / 풀이 서른셋, 마흔일곱

22 (1) •╲ ╱•
(2) •╳•
(3) •╱ ╲•

23 '이십아홉'에 ○표

24 ( ) (○)

---

25 1단계 예 ㉠ 이모의 나이는 38살입니다.
→ 서른여덟
㉡ 카드를 38장 가지고 있습니다.
→ 서른여덟
㉢ 내 사물함 번호는 38번입니다.
→ 삼십팔 ▶ 3점
2단계 38을 다르게 읽는 것은 ㉢입니다.
▶ 2점

답 ㉢

17 46개 / 풀이 (왼쪽에서부터) 4, 6, 46

26 27명

27 3개, 1개

28 예 우리 집은 16층이야.

18 23 / 풀이 1, 2, 23

29 36

30 40

31 49개

---

22 (1) 삼십칠 → 37
(2) 스물다섯 → 25
(3) 사십이 → 42

23 고추의 수를 세어 보면 10개씩 묶음 2개와 낱개 9개이므로 29입니다. 29는 이십구 또는 스물아홉이라고 읽습니다.

24 10개씩 묶음 4개와 낱개 4개인 수는 44입니다. 44는 사십사 또는 마흔넷이라고 읽습니다.

26 미연이네 반 학생들은 10명씩 2줄과 7명입니다.
따라서 미연이네 반 학생은 모두 27명입니다.

27 31은 10개씩 묶음 3개와 낱개 1개입니다.
따라서 접시 한 개에 10개씩 담으면 접시 3개까지 담을 수 있고, 1개가 남습니다.

28 채점 가이드 주변에서 50까지의 수를 찾아 이야기를 알맞게 만들었으면 정답으로 인정합니다.

29 낱개 16개는 10개씩 묶음 1개와 낱개 6개입니다.
따라서 10개씩 묶음 3개와 낱개 6개이므로 36입니다.

30 낱개 20개는 10개씩 묶음 2개입니다.
따라서 10개씩 묶음 4개는 40입니다.

31 낱개 19개는 10개씩 묶음 1개와 낱개 9개입니다.
따라서 야구공은 10개씩 4상자와 낱개 9개이므로 모두 49개입니다.

141쪽 1STEP 개념 확인하기

01 15, 16	**02** 26, 28
03 41, 42	**04** 33
05 37	**06** 34

07 35
08 '작습니다'에 ○표
09 '큽니다'에 ○표
10 36에 ○표
11 44에 ○표
12 16에 ○표
13 38에 ○표

---

01 13부터 수를 순서대로 쓰면 13, 14, 15, 16입니다.

02 25부터 수를 순서대로 쓰면 25, 26, 27, 28입니다.

03 40부터 수를 순서대로 쓰면 40, 41, 42, 43입니다.

04 32보다 1만큼 더 큰 수는 32 바로 뒤의 수인 33입니다.

05 36보다 1만큼 더 큰 수는 36 바로 뒤의 수인 37입니다.

06 35보다 1만큼 더 작은 수는 35 바로 앞의 수인 34입니다.

07 36보다 1만큼 더 작은 수는 36 바로 앞의 수인 35입니다.

08 10개씩 묶음의 수를 비교하면 1은 2보다 작습니다. → 17은 23보다 작습니다.

09 10개씩 묶음의 수가 같으므로 낱개의 수를 비교하면 9는 1보다 큽니다. → 49는 41보다 큽니다.

10 10개씩 묶음의 수를 비교하면 3은 2보다 큽니다. → 36은 23보다 큽니다.

11 10개씩 묶음의 수를 비교하면 4는 1보다 큽니다. → 44는 19보다 큽니다.

12 10개씩 묶음의 수가 같으므로 낱개의 수를 비교하면 6은 1보다 큽니다.
→ 16은 11보다 큽니다.

13 10개씩 묶음의 수가 같으므로 낱개의 수를 비교하면 8은 2보다 큽니다.
→ 38은 32보다 큽니다.

142쪽 2STEP 유형 다잡기

19 13, 15 / 풀이 13, 15

01 24, 26, 27, 28

02

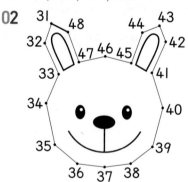

03 39, 40, 41, 42

04

1	24	23	22	21	20	19
2	25	40	39	38	37	18
3	26	41	48	47	36	17
4	27	42	49	46	35	16
5	28	43	44	45	34	15
6	29	30	31	32	33	14
7	8	9	10	11	12	13

20 35, 37 / 풀이 35, 37

05
(1) ╲╳
(2) ╱

06 24

07 19번

08 1단계 예 낱개 11개는 10개씩 묶음 1개와 낱개 1개입니다.
10개씩 묶음 3개와 낱개 11개는 10개씩 묶음 4개와 낱개 1개이므로 41입니다. ▶3점
2단계 41보다 1만큼 더 큰 수는 41 바로 뒤의 수인 42입니다. ▶2점
답 42

21
/ 풀이 4, 6, 8, 9, 11

09

10 ㉢

01 22부터 수를 순서대로 쓰면
22, 23, 24, 25, 26, 27, 28, 29입니다.

02 31부터 48까지의 수를 순서대로 이어 그림을 완성합니다.

03 38부터 수를 순서대로 쓰면 38, 39, 40, 41, 42입니다.

04 1부터 49까지 수의 순서를 생각하며 빈칸에 알맞은 수를 써넣습니다.

05 · 17보다 1만큼 더 큰 수는 17 바로 뒤의 수인 18입니다.
· 15보다 1만큼 더 작은 수는 15 바로 앞의 수인 14입니다.

06 모형이 나타내는 수는 10개씩 묶음 2개와 낱개 3개이므로 23입니다.
23보다 1만큼 더 큰 수는 23 바로 뒤의 수인 24입니다.

07 20 바로 앞의 수는 19입니다.
따라서 주연이 바로 앞의 번호는 19번입니다.

09 1부터 ↓방향으로 수를 순서대로 써넣으면 17번 사물함을 찾을 수 있습니다.

10

1부터 순서대로 ↑방향으로 수를 써넣으면 25번 자리는 ㉢입니다.

22 21, 22 / 풀이 21, 22

11 45

12 ⑤

13 38, 39, 40, 41

14 1단계 예 13부터 수를 순서대로 쓰면
13, 14, 15, 16이므로
13번과 16번 사이에 있는 의자는 14번, 15번입니다. ▶3점
2단계 따라서 13번과 16번 사이에는 의자가 2개 놓여 있습니다. ▶2점
답 2개

23 24, 23 / 풀이 24, 23

15 39

16 ㉡

17

34	33	32	31	30	29	28
27	26	25	24	23	22	21
20	19	18	17	16	15	14

24 31 / 풀이 25, 31, 31, 25

18 (△) ( )

19 18, 20

20 ㉡

21

11 44부터 수를 순서대로 쓰면 44, 45, 46이므로 44와 46 사이에 있는 수는 45입니다.

12 29와 35 사이에 있는 수에 29와 35는 포함하지 않습니다.
따라서 29와 35 사이에 있는 수가 아닌 것은 ⑤ 35입니다.

13 삼십칠은 37, 사십이는 42입니다.
37부터 수를 순서대로 쓰면
37, 38, 39, 40, 41, 42입니다.
따라서 37과 42 사이에 있는 수는
38, 39, 40, 41입니다.

15 43부터 순서를 거꾸로 하여 수를 쓰면
43, 42, 41, 40, 39입니다.
따라서 ㉠에 알맞은 수는 39입니다.

16 열여덟부터 순서를 거꾸로 하여 수를 읽으면
열여덟, 열일곱, 열여섯, 열다섯입니다.
따라서 빈칸에 알맞은 말은 ㉡입니다.

17 34부터 순서를 거꾸로 하여 수를 씁니다.

18 10개씩 묶음의 수를 비교하면 3은 4보다 작습니다. → 38은 42보다 작습니다.

19 모형의 수를 세어 보면 각각 20, 18입니다.
10개씩 묶음의 수를 비교하면 2는 1보다 큽니다. → 18은 20보다 작습니다.

20 ㉠과 ㉡의 10개씩 묶음의 수를 비교하면 3은 2보다 크므로 더 큰 수는 ㉡입니다.

21 • 14와 26의 10개씩 묶음의 수를 비교하면
2가 1보다 크므로 26은 14보다 큽니다.
• 39와 43의 10개씩 묶음의 수를 비교하면
4가 3보다 크므로 43은 39보다 큽니다.
• 19와 30의 10개씩 묶음의 수를 비교하면
3이 1보다 크므로 30은 19보다 큽니다.

---

25 21 / 풀이 21, 26, 21, 26

22 예
/ 19, 15

23 작습니다

24 리아   **25** ㉡

26 41 / 풀이 41

26 18에 △표   **27** 26, 29, 31, 35

28 ③

27 준호 / 풀이 21, 준호

29 민재   **30** 미주

31 1단계 예 29, 22, 25는 10개씩 묶음의 수가 같습니다. 낱개의 수를 비교하면 9가 가장 크므로 29가 가장 큽니다. ▶ 3점
2단계 따라서 가장 많이 있는 구슬의 색은 빨간색입니다. ▶ 2점
답 빨간색

22 19가 15보다 색칠된 칸 수가 더 많습니다.
→ 19는 15보다 큽니다.

24 47과 43의 10개씩 묶음의 수가 같으므로 낱개의 수를 비교하면 47은 43보다 큽니다.
따라서 과자를 더 많이 받은 친구는 리아입니다.

25 ㉠ 37 ㉡ 36
37과 36의 10개씩 묶음의 수가 같으므로 낱개의 수를 비교하면 36은 37보다 작습니다.
따라서 더 작은 수는 ㉡입니다.

26 10개씩 묶음의 수를 비교하면 1이 가장 작습니다. → 가장 작은 수는 18입니다.

27 10개씩 묶음의 수를 비교하면 2는 3보다 작습니다.
10개씩 묶음의 수가 같은 두 수끼리 크기를 비교하면 26은 29보다 작고 31은 35보다 작습니다.
따라서 작은 수부터 순서대로 쓰면
26, 29, 31, 35입니다.

28 ① 12 ② 34 ③ 46 ④ 40 ⑤ 28
10개씩 묶음의 수를 비교하면 4가 가장 크고
46과 40의 낱개의 수를 비교하면 6은 0보다
크므로 가장 큰 수는 ③ 마흔여섯입니다.

29 수지의 점수는 31점이고 민재의 점수는 22점입
니다.
10개씩 묶음의 수를 비교하면 2는 3보다 작으
므로 22는 31보다 작습니다.
따라서 점수가 더 낮은 친구는 민재입니다.

30 10개씩 묶음의 수를 비교하면 3은 4보다 작으
므로 33과 38은 41보다 작습니다.
33과 38의 낱개의 수를 비교하면 3은 8보다
작으므로 가장 작은 수는 33입니다.
따라서 동화책을 가장 적게 읽은 친구는 미주입
니다.

148쪽 2STEP 유형 다잡기

28 ㉠ / 풀이 19, 19, 27, ㉠

32 (△)
( )

33 귤

34 유미

29 35 / 풀이 41, 35, 24, 35, 35

35 17, 19   **36** 41, 38에 ○표

37 ④

38 1단계 예 10개씩 묶음 2개와 낱개 6개인
수는 26입니다. ▶2점
2단계 30보다 작은 수 중에서 26보다 큰
수는 27, 28, 29입니다. ▶3점
답 27, 28, 29

39 5개

30 1, 2 / 풀이 (○), 1, 2
(○)
( )
( )

40 2개   **41** 4개

---

32 10개씩 묶음 4개와 낱개 7개인 수는 47입니다.
10개씩 묶음의 수가 같으므로 낱개의 수를 비교
하면 47은 48보다 작습니다.

33 수로 각각 나타냅니다.
사과: 32개, 배: 26개, 귤: 35개
10개씩 묶음의 수를 비교하면 32와 35는 26
보다 큽니다. 32와 35의 낱개의 수를 비교하
면 가장 큰 수는 35입니다. 따라서 가장 많은
과일은 귤입니다.

34 수로 각각 나타내면 유미: 29장, 선우: 31장,
희라: 33장입니다. 10개씩 묶음의 수를 비교하
면 2는 3보다 작으므로 29가 가장 작습니다.
따라서 붙임 딱지를 가장 적게 모은 친구는 유미
입니다.

35 10개씩 묶음의 수를 비교하면 26보다 작은 수
는 17, 19입니다.

36 10개씩 묶음 3개와 낱개 5개인 수는 35입니다.
주어진 수 중 35보다 큰 수는 41, 38입니다.

37 ① 43 ② 46 ③ 45 ④ 39 ⑤ 48
40보다 크고 50보다 작은 수는 ①, ②, ③, ⑤
이므로 40보다 크고 50보다 작은 수가 아닌 것
은 ④입니다.

39 17보다 큰 수
→ 18, 19, 20, 21, 22, 23, ...
23보다 작은 수
→ 22, 21, 20, 19, 18, 17, ...
따라서 17보다 크고 23보다 작은 수는
18, 19, 20, 21, 22로 모두 5개입니다.

40 ♥=1일 때 14는 32보다 큽니다. (×)
♥=2일 때 24는 32보다 큽니다. (×)
♥=3일 때 34는 32보다 큽니다. (○)
♥=4일 때 44는 32보다 큽니다. (○)
따라서 ♥에 들어갈 수 있는 수는 3, 4로 2개입
니다.

41 10개씩 묶음의 수가 같으므로 낱개의 수를 비교
하면 □는 5보다 커야 합니다.
따라서 □ 안에 들어갈 수 있는 수는 6, 7, 8,
9로 모두 4개입니다.

150쪽 3STEP 응용 해결하기

1 7개

2
❶ 37은 10개씩 묶음 몇 개와 낱개 몇 개인지 구하기
▶ 2점
❷ 요구르트는 몇 개 더 있어야 하는지 구하기 ▶ 3점

(예) ❶ 37은 10개씩 묶음 3개와 낱개 7개입니다.

❷ 낱개 7개를 10개로 만들려면 요구르트가 3개 더 있어야 합니다.

(답) 3개

3 3

4 43

5 35개

6
❶ 36과 44 사이에 있는 수 구하기 ▶ 2점
❷ ❶에서 구한 수 중에서 10개씩 묶음의 수가 낱개의 수보다 작은 수는 모두 몇 개인지 구하기 ▶ 3점

(예) ❶ 36과 44 사이에 있는 수는 37, 38, 39, 40, 41, 42, 43입니다.

❷ ❶에서 구한 수 중에서 10개씩 묶음의 수가 낱개의 수보다 작은 수는 37, 38, 39로 모두 3개입니다.

(답) 3개

7 (1) 3 (2) 2개

8 (1) 26, 32
(2) 27, 28, 29, 30, 31
(3) 5명

---

1 딸기 5개와 9개를 모으기하면 14개가 됩니다.
14는 1과 13, 2와 12, 3과 11, 4와 10, 5와 9, 6과 8, 7과 7로 가르기할 수 있습니다.
따라서 딸기 14개를 서진이와 동생이 똑같이 나누어 먹으면 한 사람이 7개씩 먹을 수 있습니다.

3 10개씩 묶음 2개와 낱개 17개는 10개씩 묶음 3개와 낱개 7개인 수이므로 ㉠과 ㉡이 나타내는 수는 37입니다.
40, 39, 38, 37로 40에서 3만큼 거꾸로 이어 세면 37이므로 37은 40보다 3만큼 더 작은 수입니다.

4 1, 3, 4를 큰 수부터 순서대로 쓰면 4, 3, 1입니다.
10개씩 묶음의 수에 가장 큰 수인 4를, 낱개의 수에 두 번째로 큰 수인 3을 놓으면 43입니다.

5 10개씩 4봉지에서 10개씩 1봉지를 먹었으면 10개씩 3봉지가 남습니다.
낱개 7개에서 낱개 2개를 먹었다면 낱개 5개가 남습니다.
따라서 남은 사탕은 10개씩 3봉지와 낱개 5개이므로 35개입니다.

7 (1) 30보다 크고 40보다 작아야 하므로 10개씩 묶음의 수는 3입니다.
(2) 만들 수 있는 수 중에서 30보다 크고 40보다 작은 수는 31, 34로 모두 2개입니다.

8 (1) 스물여섯 → 26
서른둘 → 32
(2) 26과 32 사이에 있는 수는 27, 28, 29, 30, 31입니다.
(3) 서아와 도현이 사이에 서 있는 학생은 모두 5명입니다.

153쪽 5단원 마무리

01 10
02 6, 16
03 10
04 14, 9
05 (1) ✕ (엇갈린 선)
(2) ✕ (엇갈린 선)
(3) ─── (직선)
06 2, 9
07 32, 34
08 '열'에 ○표
09 ㉡
10 38에 ○표
11

21	38	37	36	35	34
22	39	48	47	46	33
23	40	49	50	45	32
24	41	42	43	44	31
25	26	27	28	29	30

12

예 ❶ 서른여섯을 수로 나타내면 36입니다.
❷ 36보다 1만큼 더 큰 수는 36 바로 뒤의 수인 37입니다.

답 37

13 ㉢

14 2개

15

예 ❶ 10개씩 묶음의 수를 비교하면 1이 2보다 작으므로 19는 21보다 작습니다.
❷ 연필과 지우개 중에서 더 적은 것은 지우개입니다.

답 지우개

16 31, 25, 20, 16

17 2개 **18** 23

19 45개

20

예 ❶ 26보다 크고 31보다 작은 수는 27, 28, 29, 30입니다.
❷ 26보다 크고 31보다 작은 수는 모두 4개입니다.

답 4개

---

01 공의 수를 세어 보면 하나, 둘, ..., 열이므로 10입니다.

02 달걀은 10개씩 묶음 1개와 낱개 6개이므로 모두 16개입니다.

03 3과 7을 모으기하면 10이 됩니다.

04 ・8과 6을 모으기하면 14가 됩니다.
・15는 6과 9로 가르기할 수 있습니다.

05 (1) 10개씩 묶음 2개는 20입니다.
(2) 10개씩 묶음 3개는 30입니다.
(3) 10개씩 묶음 4개는 40입니다.

06 29는 10개씩 묶음 2개와 낱개 9개입니다.

07 31부터 수를 순서대로 쓰면 31, 32, 33, 34입니다.

08 10개는 열 개라고 읽습니다.

09 ㉠ 15는 십오 또는 열다섯이라고 읽습니다.

10 10개씩 묶음의 수가 같으므로 낱개의 수를 비교하면 8은 3보다 큽니다.
→ 38은 33보다 큽니다.

11 21부터 50까지 수의 순서를 생각하며 빈칸에 알맞은 수를 써넣습니다.

13 ㉠ 3과 9를 모으기하면 12가 됩니다.
㉡ 5와 7을 모으기하면 12가 됩니다.
㉢ 8과 6을 모으기하면 14가 됩니다.
따라서 모으기한 수가 다른 하나는 ㉢입니다.

14 40은 10개씩 묶음 4개입니다.
주어진 곶감은 10개씩 묶음이 2개이므로 곶감이 40개가 되려면 10개씩 묶음이 2개 더 있어야 합니다.

16 10개씩 묶음의 수를 비교하면 3이 가장 크고 1이 가장 작으므로 31이 가장 크고 16이 가장 작습니다.
20과 25의 낱개의 수를 비교하면 5가 0보다 크므로 25는 20보다 큽니다.
따라서 큰 수부터 순서대로 쓰면 31, 25, 20, 16입니다.

17 10개씩 묶음의 수가 같으므로 낱개의 수를 비교하면 □는 7보다 커야 합니다.
따라서 □ 안에 들어갈 수 있는 수는 8, 9로 모두 2개입니다.

18 3, 4, 2를 작은 수부터 순서대로 쓰면 2, 3, 4입니다.
10개씩 묶음에 가장 작은 수인 2를, 낱개의 수에 두 번째로 작은 수인 3을 놓으면 23입니다.

19 낱개 15개는 10개씩 묶음 1개와 낱개 5개입니다.
따라서 10개씩 묶음 4개와 낱개 5개이므로 사과는 모두 45개입니다.

156쪽 1~5단원 총정리

01 4

02 (　　)(○)(　　)

03 (○)(　　)　　04 2

05 10　　06 (1) ●——●
　　　　　　　(2) ●　●
　　　　　　　　　✕
　　　　　　　(3) ●　●

07 7

08 (위에서부터) 8, 5

09 (　　)(○)(△)

10 34

11 40개

12 2, 3, 1

13

> ❶ 모양은 각각 몇 개인지 구하기 ▶ 4점
>
> ❷ 가장 많은 모양은 몇 개 있는지 구하기 ▶ 1점

(예) ❶ 모양은 큐브, 크레파스 상자, 과자 상자로 3개, 모양은 쓰레기통으로 1개, 모양은 볼링공, 골프공으로 2개입니다.

❷ 가장 많은 모양은 모양으로 3개 있습니다.

(답) 3개

14 (예)

▲	△	▲

15 5, 7 / 2, 7

16 2개, 1개, 4개

17 5에 ○표

18

> ❶ ㉠, ㉡, ㉢을 수로 나타내기 ▶ 3점
>
> ❷ 나타내는 수가 가장 큰 것을 찾아 기호 쓰기 ▶ 2점

(예) ❶ 모두 수로 나타내면 ㉠ 10개씩 묶음 3개와 낱개 4개인 수는 34, ㉡ 스물여섯은 26, ㉢ 29입니다.

❷ 10개씩 묶음의 수를 비교하면 3은 2보다 크므로 가장 큰 수는 ㉠ 34입니다.

(답) ㉠

19 7번　　20 ㉠

21 (　　)(　　)(○)

22 4

23

> ❶ 우유를 더 적게 마신 친구를 구하는 방법 알기 ▶ 3점
>
> ❷ 우유를 더 적게 마신 친구의 이름 쓰기 ▶ 2점

(예) ❶ 우유를 더 적게 마신 친구는 남은 양이 더 많은 친구입니다.

❷ 우유를 더 적게 마신 친구는 남은 양이 더 많은 석진입니다.

(답) 석진

24 넷째　　25 32

10 38, 37, 36, 35, 34이므로 ㉠에 알맞은 수는 34입니다.

11 10개씩 4묶음은 40이므로 가게에 있는 초콜릿은 모두 40개입니다.

15 2, 5, 7 중 가장 큰 수는 7이므로 계산 결과에 7을 씁니다.
→ 2+5=7 또는 5+2=7

19 (어제 한 줄넘기 횟수)+(오늘 한 줄넘기 횟수)
=(어제와 오늘 한 줄넘기 횟수)
→ 7+0=7

20 많이 구부러져 있을수록 곧게 폈을 때 더 깁니다. 따라서 가장 긴 것은 가장 많이 구부러진 ㉠입니다.

21 세우면 잘 쌓을 수 있고 눕히면 잘 굴러가는 모양은 모양입니다. 따라서 모양은 보온병입니다.

22 · 8은 5와 3으로 가르기할 수 있습니다.
→ ㉠=3
· 3과 1을 모으기하면 4가 됩니다. → ㉡=4

24

여섯째　　　　　　(뒤)
○ ○ ○ ● ○ ○ ○ ○ ○
(앞)　　↑
　　　희주

따라서 희주는 앞에서 넷째에 서 있습니다.

25 가장 큰 수를 만들려면 10개씩 묶음의 수에 가장 큰 수인 3을, 낱개의 수에 두 번째로 큰 수인 2를 놓습니다. 따라서 가장 큰 수는 32입니다.

1 9까지의 수

서술형 다지기

02쪽

1
조건 6
풀이 ❶ 6, 7, 6   ❷ ㉡
답 ㉡

1-1
풀이 ❶ 모두 수로 나타내기
예 아홉은 9, 구는 9, 팔은 8입니다. ▶3점
❷ 나타내는 수가 다른 친구의 이름 쓰기
나타내는 수가 다른 친구는 선주입니다. ▶2점
답 선주

1-2
1단계 예 ㉠은 4, ㉢은 5, ㉣은 4입니다. ▶3점
2단계 나타내는 수가 다른 것은 ㉢입니다. ▶2점
답 ㉢

1-3
1단계 예 ㉠은 5, ㉡은 5, ㉢은 5, ㉣은 7입니다.
▶3점
2단계 나타내는 수가 다른 것은 ㉣입니다. ▶2점
답 ㉣

04쪽

2
조건 7, 1
풀이 ❶ 8, 8   ❷ 8
답 8

2-1
풀이 ❶ 5보다 1만큼 더 작은 수 구하기
예 수를 순서대로 썼을 때 5 바로 앞의 수는 4이므로 5보다 1만큼 더 작은 수는 4입니다. ▶3점
❷ 동생은 딱지를 몇 장 가지고 있는지 구하기
동생은 딱지를 4장 가지고 있습니다. ▶2점
답 4장

2-2
1단계 예 3보다 1만큼 더 작은 수는 2이므로 형식이는 고리를 2개 걸었습니다. ▶2점

2단계 2보다 1만큼 더 작은 수는 1이므로 보영이는 고리를 1개 걸었습니다. ▶3점
답 1개

2-3
1단계 예 5보다 1만큼 더 큰 수는 6이므로 감자는 6개 있습니다. ▶2점
2단계 6보다 1만큼 더 큰 수는 7이므로 고구마는 7개 있습니다. ▶3점
답 7개

06쪽

3
조건 5, 8
풀이 ❶ 5, 8, 8   ❷ 준서
답 준서

3-1
풀이 ❶ 더 작은 수 구하기
예 민영이와 동생이 먹은 귤의 수를 작은 수부터 순서대로 쓰면 3, 4이므로 이 중 더 작은 수는 3입니다. ▶3점
❷ 귤을 더 적게 먹은 사람은 누구인지 쓰기
귤을 더 적게 먹은 사람은 동생입니다. ▶2점
답 동생

3-2
1단계 예 로봇의 수를 작은 수부터 순서대로 쓰면 6, 7, 9이므로 이 중 가장 큰 수는 9입니다. ▶3점
2단계 로봇을 가장 많이 가지고 있는 친구는 미래입니다. ▶2점
답 미래

3-3
1단계 예 빵, 초콜릿, 젤리의 수를 작은 수부터 순서대로 쓰면 2, 5, 7이므로 이 중 가장 작은 수는 2입니다. ▶3점
2단계 진수가 가장 적게 산 것은 빵입니다. ▶2점
답 빵

08쪽

4
조건 5, 7, 1, 4, 6
풀이 ❶ 7, 6, 5, 4, 1   ❷ 7, 6, 5, 4, 1 / 5
답 5

4-1 (풀이) ❶ 수 카드의 수를 큰 수부터 순서대로 쓰기

(예) 수 카드의 수를 큰 수부터 순서대로 쓰면 9, 8, 5, 2, 0입니다. ▶ 3점

❷ 둘째로 큰 수 구하기

첫째	둘째	셋째	넷째	다섯째
9	⑧	5	2	0

따라서 둘째로 큰 수는 8입니다. ▶ 2점

(답) 8

4-2 (풀이) ❶ 수 카드의 수를 작은 수부터 순서대로 쓰기

(예) 수 카드의 수를 작은 수부터 순서대로 쓰면 1, 3, 4, 7, 8입니다. ▶ 3점

❷ 넷째로 작은 수 구하기

따라서 넷째로 작은 수는 7입니다. ▶ 2점

(답) 7

4-3 (1단계) (예) 수 카드의 수를 작은 수부터 순서대로 쓰면 0, 2, 5, 6, 8, 9이므로 가장 큰 수는 9입니다.
▶ 3점

(2단계) 9는 오른쪽에서 다섯째에 있습니다. ▶ 2점

(답) 다섯째

서술형 완성하기

10쪽

1 (풀이) ❶ 모두 수로 나타내기

(예) 모두 수로 나타내면 ㉠은 5, ㉡은 6, ㉣은 5입니다. ▶ 3점

❷ 나타내는 수가 다른 것을 찾아 기호 쓰기

수로 나타낸 것이 다른 것은 6이므로 나타내는 수가 다른 것은 ㉡입니다. ▶ 2점

(답) ㉡

2 (풀이) ❶ 모두 수로 나타내기

(예) 모두 수로 나타내면 ㉠은 8, ㉡은 8, ㉢은 8, ㉣은 7입니다. ▶ 3점

❷ 나타내는 수가 다른 것을 찾아 기호 쓰기

수로 나타낸 것이 다른 것은 7이므로 나타내는 수가 다른 것은 ㉣입니다. ▶ 2점

(답) ㉣

3 (풀이) ❶ 봉선이는 고리를 몇 개 걸었는지 구하기

(예) 6보다 1만큼 더 작은 수는 5이므로 봉선이는 고리를 5개 걸었습니다. ▶ 2점

❷ 재석이는 고리를 몇 개 걸었는지 구하기

5보다 1만큼 더 작은 수는 4이므로 재석이는 고리를 4개 걸었습니다. ▶ 3점

(답) 4개

4 (풀이) ❶ 딸기는 몇 개 있는지 구하기

(예) 4보다 1만큼 더 큰 수는 5이므로 딸기는 5개 있습니다. ▶ 2점

❷ 복숭아는 몇 개 있는지 구하기

5보다 1만큼 더 큰 수는 6이므로 복숭아는 6개 있습니다. ▶ 3점

(답) 6개

5 (풀이) ❶ 세 수의 크기를 비교하여 가장 큰 수 구하기

(예) 세호, 주아, 찬우가 가지고 있는 구슬의 수를 작은 수부터 순서대로 쓰면 3, 5, 6이므로 이 중 가장 큰 수는 6입니다. ▶ 3점

❷ 구슬을 가장 많이 가지고 있는 친구의 이름 쓰기

구슬을 가장 많이 가지고 있는 친구는 주아입니다.
▶ 2점

(답) 주아

6 (풀이) ❶ 세 수의 크기를 비교하여 가장 작은 수 구하기

(예) 연필, 색연필, 볼펜의 수를 작은 수부터 순서대로 쓰면 7, 8, 9이므로 이 중 가장 작은 수는 7입니다. ▶ 3점

❷ 혜림이가 가장 적게 산 것 구하기

혜림이가 가장 적게 산 것은 연필입니다. ▶ 2점

(답) 연필

7 (풀이) ❶ 수 카드의 수를 작은 수부터 순서대로 쓰기

(예) 수 카드의 수를 작은 수부터 순서대로 쓰면 1, 2, 4, 5, 9입니다. ▶ 3점

❷ 둘째로 작은 수 구하기

따라서 둘째로 작은 수는 2입니다. ▶ 2점

(답) 2

8 (풀이) ❶ 수 카드의 수 중 가장 큰 수 구하기

(예) 수 카드의 수를 작은 수부터 순서대로 쓰면 0, 1, 3, 5, 6, 7이므로 가장 큰 수는 7입니다. ▶ 3점

❷ 가장 큰 수는 오른쪽에서 몇째에 있는지 구하기
7은 오른쪽에서 셋째에 있습니다. ▶2점

답 셋째

2 여러 가지 모양

서술형 다지기

12쪽

1 풀이 ❶ [원기둥]에 ○표 / [상자]에 ○표 ❷ ㉡

답 ㉡

1-1 풀이 ❶ ㉠, ㉡, ㉢의 모양 알아보기
예 ㉠은 [원기둥] 모양, ㉡은 [상자] 모양, ㉢은 [공] 모양입니다. ▶3점

❷ [공] 모양을 찾아 기호 쓰기
[공] 모양은 ㉢입니다. ▶2점

답 ㉢

1-2 1단계 예 ㉠은 [공] 모양, ㉡은 [원기둥] 모양, ㉢은 [공] 모양입니다. ▶3점

2단계 모양이 다른 것은 ㉡입니다. ▶2점

답 ㉡

14쪽

2 조건 [공]에 ○표 / [상자]에 ○표 / [원기둥]에 ○표
풀이 ❶ [상자]에 ○표 /
'없습니다'에 ○표 / '있습니다'에 ○표 /
'없습니다'에 ○표
❷ ㉡

답 ㉡

2-1 풀이 ❶ 모든 부분이 다 둥근 모양 알아보기
예 모든 부분이 다 둥근 모양은 [공] 모양입니다.
▶3점

❷ 모든 부분이 다 둥근 모양인 물건을 찾아 기호 쓰기
[공] 모양인 물건은 ㉠입니다. ▶2점

답 ㉠

2-2 1단계 예 세우면 잘 쌓을 수 있고 눕히면 잘 굴러가는 모양은 [원기둥] 모양입니다. ▶2점

2단계 [원기둥] 모양인 물건은 보온병과 잼 병이므로 모두 2개입니다. ▶3점

답 2개

2-3 1단계 예 잘 쌓을 수 있지만 잘 굴러가지 않는 모양은 [상자] 모양입니다. ▶2점

2단계 [상자] 모양을 지유는 2개, 태주는 1개 모았으므로 더 많이 모은 친구는 지유입니다. ▶3점

답 지유

16쪽

3 조건 [상자], [원기둥]에 ○표
풀이 ❶ 4, 2 ❷ [상자]에 ○표

답 [상자]에 ○표

3-1 풀이 ❶ 사용한 [원기둥], [공] 모양의 개수 각각 구하기
예 모양을 만드는 데 [원기둥] 모양은 4개, [공] 모양은 3개 사용했습니다. ▶3점

❷ [원기둥] 모양과 [공] 모양 중에서 더 적게 사용한 것 구하기
더 적게 사용한 모양은 [공] 모양입니다. ▶2점

답 [공]에 ○표

3-2 풀이 ❶ 사용한 모양의 개수 각각 구하기
예 모양을 만드는 데 [상자] 모양은 5개, [원기둥] 모양은 3개, [공] 모양은 1개 사용했습니다. ▶3점

❷ 가장 많이 사용한 모양 구하기
가장 많이 사용한 모양은 [상자] 모양입니다. ▶2점

답 [상자]에 ○표

3-3 1단계 예 모양을 만드는 데 [상자] 모양은 3개, [원기둥] 모양은 2개, [공] 모양은 4개 사용했습니다. ▶3점

2단계 가장 적게 사용한 모양은 [원기둥] 모양이므로 2개를 사용했습니다. ▶2점

답 2개

서술형 완성하기

18쪽

1 (풀이) ❶ ㉠, ㉡, ㉢의 모양 알아보기
(예) ㉠은 ◯ 모양, ㉡은 ▱ 모양, ㉢은 ▭ 모양입니다. ▶3점
❷ ▱ 모양을 찾아 기호 쓰기
▱ 모양은 ㉡입니다. ▶2점
(답) ㉡

2 (풀이) ❶ ㉠, ㉡, ㉢의 모양 알아보기
(예) ㉠은 ◯ 모양, ㉡은 ▭ 모양, ㉢은 ▭ 모양입니다. ▶3점
❷ 모양이 다른 것을 찾아 기호 쓰기
모양이 다른 것은 ㉠입니다. ▶2점
(답) ㉠

3 (풀이) ❶ 각 물건의 모양 알아보기
(예) 과자 상자는 ▱ 모양, 구슬은 ◯ 모양, 피자 상자는 ▱ 모양, 골프공은 ◯ 모양, 음료수 캔은 ▭ 모양입니다. ▶3점
❷ ◯ 모양인 물건의 개수 구하기
◯ 모양인 물건은 모두 **2**개입니다. ▶2점
(답) **2**개

4 (풀이) ❶ 둥근 부분과 평평한 부분이 있는 모양 알아보기
(예) 둥근 부분과 평평한 부분이 있는 모양은 ▭ 모양입니다. ▶3점
❷ 둥근 부분과 평평한 부분이 있는 물건을 찾아 기호 쓰기
▭ 모양인 물건을 찾아 기호를 쓰면 ㉢입니다. ▶2점
(답) ㉢

5 (풀이) ❶ 잘 쌓을 수 있지만 잘 굴러가지 않는 모양 알아보기
(예) 잘 쌓을 수 있지만 잘 굴러가지 않는 모양은 ▱ 모양입니다. ▶2점
❷ 잘 쌓을 수 있지만 잘 굴러가지 않는 물건의 개수 구하기
▱ 모양인 물건은 바둑판, 구급상자, 책으로 모두 **3**개입니다. ▶3점
(답) **3**개

6 ❶ 잘 쌓을 수 없지만 잘 굴러가는 모양 알아보기
(예) 잘 쌓을 수 없지만 잘 굴러가는 모양은 ◯ 모양입니다. ▶2점
❷ 잘 쌓을 수 없지만 잘 굴러가는 물건을 더 많이 모은 친구의 이름 쓰기
◯ 모양을 송이는 **|**개, 연우는 **2**개 모았으므로 더 많이 모은 친구는 연우입니다. ▶3점
(답) 연우

7 (풀이) ❶ 사용한 모양의 개수 각각 구하기
(예) 모양을 만드는 데 ▱ 모양은 **2**개, ▭ 모양은 **2**개, ◯ 모양은 **4**개 사용했습니다. ▶3점
❷ 가장 많이 사용한 모양 구하기
가장 많이 사용한 모양은 ◯ 모양입니다. ▶2점
(답) ◯에 ◯표

8 (풀이) ❶ 사용한 모양의 개수 각각 구하기
(예) 모양을 만드는 데 ▱ 모양은 **2**개, ▭ 모양은 **4**개, ◯ 모양은 **3**개 사용했습니다. ▶3점
❷ 가장 적게 사용한 모양은 몇 개를 사용했는지 구하기
가장 적게 사용한 모양은 ▱ 모양이므로 **2**개를 사용했습니다. ▶2점
(답) **2**개

3 덧셈과 뺄셈

서술형 다지기

20쪽

1 (조건) 4, 3, 3
(풀이) ❶ 4, 5 / 3, 6 / 3, 7 ❷ ㉡
(답) ㉡

1-1 풀이 ❶ 두 수를 모으기한 수 구하기

예 ㉠ 4와 5를 모으기하면 9가 됩니다.

㉡ 1과 7을 모으기하면 8이 됩니다.

㉢ 6과 2를 모으기하면 8이 됩니다. ▶3점

❷ 두 수를 모으기하여 8이 되지 않는 것을 찾아 기호 쓰기

두 수를 모으기하여 8이 되지 않는 것은 ㉠입니다.

▶2점

답 ㉠

1-2 풀이 ❶ 두 수를 모으기한 수 구하기

예 ㉠ 3과 2를 모으기하면 5가 됩니다.

㉡ 4와 1을 모으기하면 5가 됩니다.

㉢ 2와 2를 모으기하면 4가 됩니다. ▶3점

❷ 두 수를 모으기한 수가 다른 것을 찾아 기호 쓰기

두 수를 모으기한 수가 다른 것은 ㉢입니다. ▶2점

답 ㉢

1-3 1단계 예 모으기하여 7이 되는 두 수는 1과 6, 2와 5, 3과 4입니다. ▶3점

2단계 따라서 모으기하여 7이 되는 두 수를 찾으면 1과 6, 3과 4입니다. ▶2점

답 1과 6, 3과 4

22쪽

2 조건 2, 3

풀이 ❶ 3, 5 ❷ 2, 5, 2, 5, 7

답 7

2-1 풀이 ❶ 재원이가 가지고 있는 장난감 자동차 수 구하기

예 재원이가 가지고 있는 장난감 자동차는

5−1=4(개)입니다. ▶2점

❷ 두 사람이 가지고 있는 장난감 자동차는 모두 몇 개인지 구하기

두 사람이 가지고 있는 장난감 자동차는 모두

5+4=9(개)입니다. ▶3점

답 9개

2-2 풀이 ❶ 정우가 가지고 있는 딱지는 몇 장인지 구하기

예 정우가 가지고 있는 딱지는 7−3=4(장)입니다. ▶2점

❷ 두 사람이 가지고 있는 딱지는 모두 몇 장인지 구하기

두 사람이 가지고 있는 딱지는 모두 4+4=8(장)입니다. ▶3점

답 8장

2-3 1단계 예 주아가 가지고 있는 구슬은 3+1=4(개)입니다. ▶2점

2단계 석현이가 가지고 있는 구슬은 2+3=5(개)입니다. ▶2점

3단계 두 사람이 가지고 있는 구슬은 모두

4+5=9(개)입니다. ▶1점

답 9개

24쪽

3 조건 3, 1, 6, 7

풀이 ❶ 1, 3, 6, 7, 7, 1 ❷ 7, 1, 8

답 8

3-1 풀이 ❶ 가장 큰 수와 가장 작은 수 찾기

예 수 카드의 수를 작은 수부터 순서대로 쓰면 2, 4, 5, 8이므로 가장 큰 수는 8, 가장 작은 수는 2입니다. ▶2점

❷ 가장 큰 수와 가장 작은 수의 차 구하기

따라서 가장 큰 수와 가장 작은 수의 차는

8−2=6입니다. ▶3점

답 6

3-2 1단계 예 합이 가장 크게 되려면 가장 큰 수와 둘째로 큰 수를 더해야 합니다. 수 카드의 수 중 가장 큰 수는 5, 둘째로 큰 수는 2입니다. ▶3점

2단계 따라서 두 수의 합은 5+2=7입니다. ▶2점

답 7

3-3 1단계 예 차가 가장 크게 되려면 가장 큰 수에서 가장 작은 수를 빼야 합니다. 수 카드의 수 중 가장 큰 수는 9, 가장 작은 수는 6입니다. ▶3점

2단계 따라서 두 수의 차는 9−6=3입니다. ▶2점

답 3

26쪽

4 조건 2, 7

풀이 ❶ 2, 7 ❷ 5, 5, 5

답 5

4-1 풀이 ❶ 뺄셈식 쓰기

예 어떤 수를 ■라 하고 뺄셈식으로 나타내면

■−5=1입니다. ▶2점

❷ 어떤 수 구하기

5와 I로 가르기할 수 있는 수는 6이므로 ■=6입니다.

따라서 어떤 수는 6입니다. ▶3점

답 6

4-2 1단계 예 어떤 수를 ■라 하고 덧셈식으로 나타내면 ■+3=9입니다.

6과 3을 모으기하면 9가 되므로 어떤 수는 6입니다. ▶3점

2단계 바르게 계산하면 6−3=3입니다. ▶2점

답 3

4-3 1단계 예 어떤 수를 ■라 하고 뺄셈식으로 나타내면 ■−4=I입니다. 4와 I로 가르기할 수 있는 수는 5이므로 어떤 수는 5입니다. ▶3점

2단계 바르게 계산하면 5+4=9입니다. ▶2점

답 9

서술형 완성하기

28쪽

1 풀이 ❶ 두 수를 모으기한 수 구하기

예 ㉠ 2와 6을 모으기하면 8이 됩니다.

㉡ 3과 4를 모으기하면 7이 됩니다.

㉢ 4와 4를 모으기하면 8이 됩니다. ▶3점

❷ 두 수를 모으기한 수가 다른 것을 찾아 기호 쓰기

두 수를 모으기한 수가 다른 것은 ㉡입니다. ▶2점

답 ㉡

2 풀이 ❶ 모으기하여 9가 되는 두 수 모두 구하기

예 모으기하여 9가 되는 두 수는 I과 8, 2와 7, 3과 6, 4와 5입니다. ▶3점

❷ 모으기하여 9가 되는 두 수를 모두 찾아 쓰기

따라서 모으기하여 9가 되는 두 수를 찾으면 2와 7, 4와 5입니다. ▶2점

답 2와 7, 4와 5

3 풀이 ❶ 철호가 먹은 땅콩은 몇 개인지 구하기

예 철호가 먹은 땅콩은 2+2=4(개)입니다. ▶2점

❷ 두 사람이 먹은 땅콩은 모두 몇 개인지 구하기

두 사람이 먹은 땅콩은 모두 3+4=7(개)입니다.

▶3점

답 7개

4 풀이 ❶ 연희가 가지고 있는 색종이는 몇 장인지 구하기

예 연희가 가지고 있는 색종이는 2+I=3(장)입니다. ▶2점

❷ 호현이가 가지고 있는 색종이는 몇 장인지 구하기

호현이가 가지고 있는 색종이는 2+3=5(장)입니다. ▶2점

❸ 두 사람이 가지고 있는 색종이는 모두 몇 장인지 구하기

두 사람이 가지고 있는 색종이는 모두 3+5=8(장)입니다. ▶1점

답 8장

5 풀이 ❶ 합이 가장 크게 되도록 고른 두 수 구하기

예 합이 가장 크게 되려면 가장 큰 수와 둘째로 큰 수를 더해야 합니다. 가장 큰 수는 4, 둘째로 큰 수는 3입니다. ▶3점

❷ 고른 두 수의 합 구하기

따라서 두 수의 합은 4+3=7입니다. ▶2점

답 7

6 풀이 ❶ 차가 가장 크게 되도록 고른 두 수 구하기

예 차가 가장 크게 되려면 가장 큰 수에서 가장 작은 수를 빼야 합니다. 가장 큰 수는 8, 가장 작은 수는 I입니다. ▶3점

❷ 고른 두 수의 차 구하기

따라서 두 수의 차는 8−I=7입니다. ▶2점

답 7

7 풀이 ❶ 어떤 수 구하기

예 어떤 수를 ■라 하고 덧셈식으로 나타내면 ■+2=5입니다.

3과 2를 모으기하면 5가 되므로 어떤 수는 3입니다. ▶3점

❷ 바르게 계산한 값 구하기

바르게 계산하면 3−2=I입니다. ▶2점

답 I

8 풀이 ❶ 어떤 수 구하기

예 어떤 수를 ■라 하고 뺄셈식으로 나타내면 ■−3=3입니다.

3과 3으로 가르기할 수 있는 수는 6이므로 어떤 수는 6입니다. ▶3점

❷ 바르게 계산한 값 구하기

바르게 계산하면 $6+3=9$입니다. ▶2점

답 9

4 비교하기

서술형 다지기

30쪽

1 조건

풀이 ❶ 5, 6 ❷ ㉡

답 ㉡

1-1 풀이 ❶ ㉠, ㉡의 색칠한 부분의 칸 수 구하기

예 ㉠은 색칠한 부분이 7칸, ㉡은 색칠한 부분이 5칸입니다. ▶3점

❷ 색칠한 부분이 더 넓은 것의 기호 쓰기

한 칸의 크기가 같을 때 색칠한 부분의 칸 수가 많을수록 더 넓으므로 색칠한 부분이 더 넓은 것은 ㉠입니다. ▶2점

답 ㉠

1-2 풀이 ❶ ㉠, ㉡의 색칠한 부분의 칸 수 구하기

예 ㉠은 색칠한 부분이 4칸, ㉡은 색칠한 부분이 5칸입니다. ▶3점

❷ 색칠한 부분이 더 좁은 것의 기호 쓰기

한 칸의 크기가 같을 때 색칠한 부분의 칸 수가 적을수록 더 좁으므로 색칠한 부분이 더 좁은 것은 ㉠입니다. ▶2점

답 ㉠

1-3 1단계 예 색칠한 부분이 빨간색은 5칸, 노란색은 6칸, 보라색은 4칸입니다. ▶3점

2단계 한 칸의 크기가 같을 때 칸 수가 많을수록 더 넓으므로 색칠한 부분이 가장 넓은 것은 노란색입니다. ▶2점

답 노란색

32쪽

2 조건

풀이 ❶ 3, 5 ❷ ㉠

답 ㉠

2-1 풀이 ❶ ㉠, ㉡ 길이의 칸 수 구하기

예 ㉠은 길이가 6칸, ㉡은 길이가 4칸입니다. ▶3점

❷ 길이가 더 짧은 것의 기호 쓰기

따라서 길이가 더 짧은 것은 ㉡입니다. ▶2점

답 ㉡

2-2 1단계 예 ㉠은 길이가 4칸, ㉡은 길이가 7칸, ㉢은 길이가 5칸입니다. ▶3점

2단계 따라서 길이가 가장 긴 것은 ㉡입니다. ▶2점

답 ㉡

2-3 1단계 예 ㉠은 길이가 8칸, ㉡은 길이가 9칸, ㉢은 길이가 6칸입니다. ▶3점

2단계 따라서 빨간색 선의 길이가 가장 짧은 것은 ㉢입니다. ▶2점

답 ㉢

34쪽

3 조건 '다릅니다'에 ○표 / '같습니다'에 ○표

풀이 ❶ '클수록'에 ○표 ❷ ㉠, ㉠

답 ㉠

3-1 풀이 ❶ 담긴 주스의 양이 더 적은 것을 찾는 방법 쓰기

예 주스의 높이가 같을 때는 그릇의 크기가 작을수록 담긴 주스의 양이 더 적습니다. ▶3점

❷ 담긴 주스의 양이 더 적은 것의 기호 쓰기

그릇의 크기가 더 작은 것은 ㉡이므로 담긴 주스의 양이 더 적은 것은 ㉡입니다. ▶2점

답 ㉡

3-2 1단계 예 물의 높이가 같을 때는 그릇의 크기가 클수록 담긴 물의 양이 더 많습니다. ▶3점

2단계 따라서 담긴 물의 양이 많은 것부터 차례로 기호를 쓰면 ㉢, ㉡, ㉠입니다. ▶2점

답 ㉢, ㉡, ㉠

서술형 강화책

4
단원

3-3 (1단계) (예) 똑같은 컵이므로 남은 우유의 높이가 더 낮은 세희가 남은 우유의 양이 더 적습니다. ▶3점
(2단계) 우유를 더 많이 마신 친구는 남은 우유의 양이 더 적은 세희입니다. ▶2점
(답) 세희

서술형 완성하기

36쪽

1 (풀이) ❶ ㉠, ㉡의 색칠한 부분의 칸 수 구하기
(예) ㉠은 색칠한 부분이 **5**칸, ㉡은 색칠한 부분이 **4**칸입니다. ▶3점
❷ 색칠한 부분이 더 좁은 것의 기호 쓰기
칸 수가 적을수록 더 좁으므로 색칠한 부분이 더 좁은 것은 ㉡입니다. ▶2점
(답) ㉡

2 (풀이) ❶ 파란색, 분홍색, 초록색으로 색칠한 칸 수 구하기
(예) 색칠한 부분이 파란색은 **5**칸, 분홍색은 **7**칸, 초록색은 **4**칸입니다. ▶3점
❷ 색칠한 부분이 가장 넓은 것의 색 구하기
칸 수가 많을수록 더 넓으므로 색칠한 부분이 가장 넓은 것은 분홍색입니다. ▶2점
(답) 분홍색

3 (풀이) ❶ ㉠, ㉡ 길이의 칸 수 구하기
(예) ㉠은 **4**칸, ㉡은 **3**칸입니다. ▶3점
❷ 길이가 더 짧은 것의 기호 쓰기
따라서 길이가 더 짧은 것은 ㉡입니다. ▶2점
(답) ㉡

4 (풀이) ❶ ㉠, ㉡, ㉢ 길이의 칸 수 구하기
(예) ㉠은 **7**칸, ㉡은 **5**칸, ㉢은 **4**칸입니다. ▶3점
❷ 길이가 가장 긴 것의 기호 쓰기
따라서 길이가 가장 긴 것은 ㉠입니다. ▶2점
(답) ㉠

5 (풀이) ❶ ㉠, ㉡, ㉢의 빨간색 선 길이의 칸 수 구하기
(예) 빨간색 선의 길이는 ㉠이 **5**칸, ㉡이 **6**칸, ㉢이 **8**칸입니다. ▶3점

❷ 빨간색 선의 길이가 가장 짧은 것의 기호 쓰기
한 칸의 길이가 같으므로 빨간색 선의 길이가 가장 짧은 것은 ㉠입니다. ▶2점
(답) ㉠

6 (풀이) ❶ 담긴 물의 양이 더 적은 것을 찾는 방법 쓰기
(예) 물의 높이가 같을 때는 그릇의 크기가 작을수록 담긴 물의 양이 더 적습니다. ▶3점
❷ 담긴 물의 양이 더 적은 것의 기호 쓰기
그릇의 크기가 더 작은 것은 ㉡이므로 담긴 물의 양이 더 적은 것은 ㉡입니다. ▶2점
(답) ㉡

7 (풀이) ❶ 담긴 우유의 양이 더 많은 것을 찾는 방법 쓰기
(예) 우유의 높이가 같을 때는 그릇의 크기가 클수록 담긴 우유의 양이 더 많습니다. ▶3점
❷ 담긴 우유의 양이 많은 것부터 차례로 기호 쓰기
따라서 담긴 우유의 양이 많은 것부터 차례로 기호를 쓰면 ㉢, ㉠, ㉡입니다. ▶2점
(답) ㉢, ㉠, ㉡

8 (풀이) ❶ 남은 주스의 양이 더 적은 사람 찾기
(예) 똑같은 컵이므로 남은 주스의 높이가 더 낮은 진영이가 남은 주스의 양이 더 적습니다. ▶3점
❷ 주스를 더 많이 마신 친구 찾기
주스를 더 많이 마신 친구는 남은 주스의 양이 더 적은 진영입니다. ▶2점
(답) 진영

5 50까지의 수

서술형 다지기

38쪽

1 (조건) 13, 5
(풀이) ❶ 13, 8 ❷ 8
(답) 8

1-1 (풀이) ❶ 17은 8과 몇으로 가르기할 수 있는지 구하기
(예) 17은 8과 9로 가르기할 수 있습니다. ▶3점
❷ 떡을 다른 접시에 몇 개 담아야 하는지 구하기
따라서 한 접시에 8개를 담으면 다른 접시에는 9개를 담아야 합니다. ▶2점
(답) 9개

1-2 (1단계) (예) 12는 1과 11, 2와 10, 3과 9, 4와 8, 5와 7, 6과 6으로 가르기할 수 있습니다. ▶3점
(2단계) 12를 똑같은 두 수로 가르기하면 6과 6이므로 유라가 동생과 똑같이 나누어 먹으면 한 사람이 6개씩 먹을 수 있습니다. ▶2점
(답) 6개

1-3 (1단계) (예) 10은 1과 9, 2와 8, 3과 7, 4와 6, 5와 5, 6과 4, 7과 3, 8과 2, 9와 1로 가르기할 수 있습니다. ▶3점
(2단계) 이 중 민찬이가 친구보다 더 많이 가지는 경우는 6과 4, 7과 3, 8과 2, 9와 1로 모두 4가지입니다. ▶2점
(답) 4가지

40쪽

2 (조건) 35, 4, 1
(풀이) ❶ 41 ❷ 41, 35, 41, ㉠
(답) ㉠

2-1 (풀이) ❶ ㉠을 수로 나타내기
(예) 10개씩 묶음 2개와 낱개 7개인 수는 27입니다. ▶2점
❷ 나타내는 수가 더 작은 것의 기호 쓰기
27은 29보다 작으므로 나타내는 수가 더 작은 것의 기호는 ㉠입니다. ▶3점
(답) ㉠

2-2 (1단계) (예) 모두 수로 나타내면 ㉠은 36, ㉡은 42입니다. ▶2점
(2단계) 42가 36보다 크므로 나타내는 수가 더 큰 것의 기호는 ㉡입니다. ▶3점
(답) ㉡

2-3 (1단계) (예) ㉠은 16, ㉡은 28, ㉢은 26입니다. ▶2점

(2단계) 16, 28, 26 중 가장 작은 수는 16이므로 나타내는 수가 가장 작은 것의 기호는 ㉠입니다. ▶3점
(답) ㉠

42쪽

3 (조건) 2, 3
(풀이) ❶ 2, 2 ❷ 2, 23, 23
(답) 23

3-1 (풀이) ❶ 묶은 색종이의 수는 10개씩 묶음 몇 개인지 구하기
(예) 10장씩 3묶음의 수는 10개씩 묶음 3개와 같습니다. ▶2점
❷ 색종이는 모두 몇 장인지 구하기
10개씩 묶음 3개와 낱개 9개는 39이므로 색종이는 모두 39장입니다. ▶3점
(답) 39장

3-2 (1단계) (예) 12는 10개씩 묶음 1개와 낱개 2개입니다. ▶3점
(2단계) 따라서 공책은 10권씩 4묶음과 낱개 2권과 같으므로 모두 42권입니다. ▶2점
(답) 42권

3-3 (1단계) (예) 26은 10개씩 묶음 2개와 낱개 6개입니다. ▶3점
(2단계) 복숭아를 한 상자에 10개씩 담으면 2상자가 되고, 6개가 남습니다. ▶2점
(답) 2상자, 6개

44쪽

4 (조건) 20, 5
(풀이) ❶ 20, 1 ❷ 5, 15
(답) 15

4-1 (풀이) ❶ 10개씩 묶음의 수 구하기
(예) 30과 40 사이에 있는 수이므로 10개씩 묶음의 수는 3입니다. ▶3점
❷ 조건을 만족하는 수 구하기
낱개의 수가 8이므로 조건을 만족하는 수는 38입니다. ▶2점
(답) 38

4-2 (1단계) (예) 10과 30 사이에 있는 수이므로 10개씩 묶음의 수는 1 또는 2입니다. ▶3점
(2단계) 낱개의 수가 4이므로 조건을 만족하는 수는 14, 24입니다. ▶2점
(답) 14, 24

4-3 (1단계) (예) 42와 47 사이에 있는 수이므로 10개씩 묶음의 수는 4입니다. ▶3점
(2단계) 7보다 1만큼 더 작은 수는 6이므로 조건을 만족하는 수는 46입니다. ▶2점
(답) 46

서술형 완성하기

46쪽

1 (풀이) ❶ 14를 가르기할 수 있는 두 수 모두 구하기
(예) 14는 1과 13, 2와 12, 3과 11, 4와 10, 5와 9, 6과 8, 7과 7로 가르기할 수 있습니다. ▶3점
❷ 한 사람이 몇 장씩 가질 수 있는지 구하기
14를 똑같은 두 수로 가르기하면 7과 7이므로 미연이가 친구와 똑같이 나누어 가지면 7장씩 가질 수 있습니다. ▶2점
(답) 7장

2 (풀이) ❶ 11을 가르기할 수 있는 두 수 모두 구하기
(예) 11은 1과 10, 2와 9, 3과 8, 4와 7, 5와 6, 6과 5, 7과 4, 8과 3, 9와 2, 10과 1로 가르기할 수 있습니다. ▶3점
❷ 성우가 동생보다 더 많이 먹는 경우는 모두 몇 가지인지 구하기
이 중 성우가 동생보다 더 많이 먹는 경우는 6과 5, 7과 4, 8과 3, 9와 2, 10과 1로 모두 5가지입니다. ▶2점
(답) 5가지

3 (풀이) ❶ ㉠과 ㉡을 수로 나타내기
(예) 모두 수로 나타내면 ㉠은 27, ㉡은 19입니다. ▶2점

❷ 나타내는 수가 더 큰 것의 기호 쓰기
27이 19보다 크므로 나타내는 수가 더 큰 것의 기호는 ㉠입니다. ▶3점
(답) ㉠

4 (풀이) ❶ ㉠, ㉡, ㉢을 수로 나타내기
(예) ㉠은 36, ㉡은 31, ㉢은 23입니다. ▶2점
❷ 나타내는 수가 가장 작은 것의 기호 쓰기
36, 31, 23 중 가장 작은 수는 23이므로 나타내는 수가 가장 작은 것의 기호는 ㉢입니다. ▶3점
(답) ㉢

5 (풀이) ❶ 18은 10개씩 묶음 몇 개와 낱개 몇 개인지 구하기
(예) 18은 10개씩 묶음 1개와 낱개 8개입니다. ▶3점
❷ 지우개는 모두 몇 개인지 구하기
따라서 지우개는 10개씩 묶음 3개와 낱개 8개와 같으므로 모두 38개입니다. ▶2점
(답) 38개

6 (풀이) ❶ 44는 10개씩 묶음 몇 개와 낱개 몇 개인지 구하기
(예) 44는 10개씩 묶음 4개와 낱개 4개입니다. ▶3점
❷ 호박은 몇 상자가 되고, 몇 개가 남는지 구하기
호박을 한 상자에 10개씩 담으면 4상자가 되고, 4개가 남습니다. ▶2점
(답) 4상자, 4개

7 (풀이) ❶ 10개씩 묶음의 수 구하기
(예) 20과 40 사이에 있는 수이므로 10개씩 묶음의 수는 2 또는 3입니다. ▶3점
❷ 조건을 만족하는 수 모두 구하기
낱개의 수가 9이므로 조건을 만족하는 수는 29, 39입니다. ▶2점
(답) 29, 39

8 (풀이) ❶ 10개씩 묶음의 수 구하기
(예) 29와 35 사이에 있는 수이므로 10개씩 묶음의 수는 3입니다. ▶3점
❷ 조건을 만족하는 수 구하기
4보다 1만큼 더 작은 수는 3이므로 조건을 만족하는 수는 33입니다. ▶2점
(답) 33